U0391201

[新西兰] 詹姆斯·R. 弗林 著
孔晓曦 译

无处可避

花一晚上了解气候变化的全部知识

辽宁人民出版社

版权合同登记号图字 06-2019 年第 37 号

图书在版编目（CIP）数据

无处可避：花一晚上了解气候变化的全部知识 /（新西兰）詹姆斯 · R. 弗林（James R. Flynn）著；孔晓曦译 . —沈阳：辽宁人民出版社，2019.11
书名原文：Senza alibi
ISBN 978-7-205-09633-5

Ⅰ . ①无… Ⅱ . ①詹… ②孔… Ⅲ . ①气候变化—普及读物 Ⅳ . ① P467-49

中国版本图书馆 CIP 数据核字（2019）第 119648 号

出版发行：辽宁人民出版社
地址：沈阳市和平区十一纬路 25 号　邮编：110003
电话：024-23284321（邮　购）　024-23284324（发行部）
传真：024-23284191（发行部）　024-23284304（办公室）
http://www.lnpph.com.cn
印　　刷：天津旭丰源印刷有限公司
幅面尺寸：145mm × 210mm
印　　张：7
字　　数：127 千字
出版时间：2019 年 11 月第 1 版
印刷时间：2019 年 11 月第 1 次印刷
责任编辑：祁雪芬
封面设计：莫　念
版式设计：新视点
责任校对：赵　晓
书　　号：ISBN 978-7-205-09633-5

定　　价：48.00 元

无处可避

我宁可盼望看到一只山羊对农业有积极影响，也不想看到人类成为地球的主宰者。

——詹姆斯·洛夫洛克《盖亚》

一场革命就能控制住人口并对生产进行监管？这样的话我无疑希望能有一场革命。

——奥尔德斯·赫胥黎《旋律的配合》

他抬头看看太阳，挥动挥动拳头：“红色的老破车，早晚我们会把你也抓在手里。”

——H. G. 威尔斯《捕捉太阳》

古埃及人认为，走在路上遇到一群蜜蜂将是好运气。真不知道他们觉得坏运气是什么样。

——威尔·柯皮《众人衰亡史》

当我年轻的时候，我曾以为我将会用真实征服世界，指挥一支庞大得连亚历山大大帝都想象不出的军队。

——理查德·卢埃林《翡翠谷》

致 谢

我想向那些审读了我的部分手稿的学者们表达感激之情（他们中一些人审读了整部初稿）：克里斯托弗·巴特内特、肯·卡德拉、吉迪恩·亨德森、艾恩斯利·凯洛、小罗杰·皮尔克、斯蒂芬·索尔特、凯文·特伦伯特、杰·兹沃里。如果书中还有错误的话显然是我的问题。我从格蕾丝·怀特那里得到了详细的意见，并在文体风格方面得到了艾米丽·富林、汉娜·斯坦纳和温蒂·麦克格尼丝的建议指导。

我还特别想向那些从普通读者角度阅读了我的文章的人们表示感谢，特别是罗尔夫·多贝里、拉米什·萨库尔、杰夫·斯考特及吉尔贝托·可贝里尼，尤其是可贝里尼，他不遗余力地在意大利推广我的作品。我还想特别感谢威廉·冯·德尔威列特，他是新西兰奥塔哥大学心理学系的计算机程序员，他在数字技术方面孜孜不倦的研究极富创造性。此外，还要感谢那些授权本书各种图片作品的朋友们，他们的名字在本书的“图表来源”中将一一列出（第200—206页）。

序　言

达成有关气候的协议意味着我们要明白三件事：

第一，我们应该明白，关于气候变化，大气中的碳排放量是决定性因素。实际上我们能讨论的只有碳排放量会导致什么后果以及什么程度的后果。

第二，关于气候变化的常规谈判（如《京都议定书》关于限制碳排放的谈判等）只能带来跑题和混乱，因此，我们需要审阅那些能够给我们更多时间控制住温度的建议，并利用这段可控的时间段设法找到真正清洁的能源。

第三，怀疑论者[①]应该受到尊重的对待，他们的论点更应该获得认可，而不是被忽视。他们不但理应得到温和的对待，而且还有可能让我们找到双方立场的交点。

当我开始这项研究的时候，我是出于承担个人责任的需要而做的。我曾经被相互矛盾的一些言论所支配——未来有时看似

① 本书中指对气候变化持怀疑态度的人。

噩梦有时又风平浪静，以至于我不知道应该安之若素还是惊恐不安，这让人无法忍受。最让人泄气的是我曾经毫无头绪，不知该从哪儿着手，我感觉被“环境”主题范畴内数量庞大的材料和信息所淹没。最终，我总算渐渐地找到了自己的方向，完成了本书。读完本书只需要三四个钟头的时间，即使你们像我一样忧心气候变化，也不要把本书抬高到奉若圣经的地步，只要认真思考衡量我所写的那些内容即可。无论如何，我认为本书能够帮助你们决定从哪儿着手，也能帮你们筛选出最关键的问题和最中肯的讯息。

在我看来，关于气候问题争吵不休的两大阵营恰恰表明了一种拒绝的态度。对未来充满警觉的战友们让我做好了面对怀疑论者的准备，后者坚称我们只需继续专心干自己的事，放任天气听天由命即可。不过不久前我发现，最有忧患意识的那群人中有不少会时不时陷入一种错觉：肯定有某种希望成功说服各个国家同意减少各自的碳排放量。第一群人无视科学告诉我们的事实，而第二群人无视另一部分事实，即来自政治和经济的不可避免的推动。这些人真心相信只要是正确的理论，世界各国的首脑们就会不惜牺牲自己的政治生命来实践它。

从长远来看，清洁能源是唯一的解决方案，然而要想依靠这一解决方案来彻底阻止那些正在发生的、不可逆转的问题还为时尚早。比如，在未来 20 多年，也许 10 多年的时间里，我觉得格陵兰地区和西部南极洲的冰川将会开始迅速融化，而海平面也会随之升高。如果真的发生这种事，我们就必须采取一些措施，在清洁能源缓解我们的危机之前尽量争取更多的时间。

我们怎么才能够控制温度的迅速上升呢？只有一个能够加以严肃思考的建议，那就是用泵把海水泡沫泵到天空去让云朵变得更白，这样才能把大部分抵达地球的太阳能反射回宇宙。看到这里恐怕有读者会觉得作者大概是看了太多科幻小说，想合上书走人了，但现在危机是如此迫在眉睫，最聪明的那些头脑们都已经在朝着这个方向思考了。美国国家科学基金会已拨款 200 万美元用于海水泡沫的研究。然而即便能得到一些喘息时间，我们还是迫切需要必要的清洁能源，而其中看起来最有希望的就是重氢的核聚变反应。

本书按如下顺序讨论了三个前提：

第一部分　一切都是碳的问题

第一章简略回顾了一段相当漫长的气候变化史，并从中找出（没受到人类活动影响的）自然因素对气候变化的影响。由此说明在可预见的未来，自然因素也不大可能对气候造成极端影响，目前气候变化所带来的各种负面影响都是人类活动导致的。

第二章则探讨了大气层中二氧化碳（CO_2）浓度增加可能导致的所有结果。为了找出二氧化碳对气候变化的影响，必须从气候变化史中挑出一段除了二氧化碳之外再没有其他任何因素影响的时期。最近这 80 多万年刚好符合这一条件，而这期间的变化预示了大气层中的碳含量有导致极地冰盖融化的危险。

第三章会告诉大家极地冰川正在明显缩减，到 2100 年海平面有可能会提升到令很多沿海城市都不得不完全废弃的高度。农业用地的未来生产力将会有高有低，然而随着人口数量的不断攀升，在不久的将来，世界人口总数将突破 100 亿，非洲这样的大陆以及印度这样的次大陆将面临严重的饥荒威胁。

在题外篇部分，我会谈一下“无法回头的点”——一个特定的二氧化碳浓度水平，一旦超过了这个水平，气温就会在一个非常漫长的过程中不停攀升，我们的任何努力再无法阻止它的升高。

第二部分　该做些什么

第四章将会告诉大家为什么《京都议定书》的谈判，以及全球主要国家可能会单独采取的行动路线都是毫无意义的。因为没有任何国家打算把自己国家的经济发展置于险地。为此最现实的那些气象学专家们预计，大约在 2050 年我们就将会跨过“无法回头的点”。在这一章中我们还会讨论一下不少人都深信不疑的前景，即科学技术肯定能拯救我们。如果石油、煤炭及天然气资源耗尽，经济发展很有可能无法幸存，这一点已经成为共识；不过果真如此，那这也只能发生在空气中二氧化碳浓度超过“无法回头的点”之后，那么经济崩溃也只会加剧我们的痛苦。

第五章中我会提供我个人的解决方案：在“无法回头的点”到来之前，我们必须使用气化的海水泡沫来遏制气温上升。此外，在 21 世纪结束之前，我们必须实现氢聚变反应的商业利益化。

题外篇部分则展望了人类在接下来 300 多年间的前景：只有全人类齐心协力各尽其责，才能避免衰退和遭受很多痛苦。

第三部分　怀疑论者与科学

第六章表明，在人类行为对气候有所干涉之前，气候曾在相当大的范围内发生过“自然的”波动。

第七章则解释了为什么怀疑论者会开始怀疑气候学。先行者吹响了召集的号角，著名的“曲棍球棒”曲线（hockey stick）表述似乎表明，有些可观的气温波动实际上并没有发生过。

尾声部分表明，我们所有的人，无论是特别警惕不安的、略感慌乱的还是持怀疑态度的，必须协商出一个共同的计划，努力抛开政治嫌隙、排除种种抱怨，形成万众一心的凝聚感。

最后，我列出了一个包含 26 部书籍和文章的推荐阅读列表，这个书目表有可能会帮助读者完成个人研究，让他们能够反驳我的意见——要是他们认为我的观点错误的话。

书中所有的图表（不含作者自己绘制的）来源请参阅图表来源（第 200—206 页），在此我附上了相关网站，并表达我的感激之情。

我尽力在本书中使用清楚易懂的术语，不过还是在最后一章的结尾附上了一张简短的单词表（第 154—168 页）。

Contents

目 录

第一部分　一切都是碳的问题

第二部分　该做些什么

第三部分　怀疑论者与科学

第一部分

一切都是碳的问题

第一章　在我们插手之前的气候

提问：

· 哪些自然因素导致了气温变化?

· 在可预见的未来会有气候剧变的危险吗?

我们现在所进行的某些重要行为是否导致大气碳排放，关于这个问题的讨论，答案是模糊的，因为有各种各样的因素影响着地球气候的变化，实在很难说清，究竟是只有碳排放造成了这些影响，还是所有其他可能的因素也促成了气候变化。以史为鉴，研究自然界其他可能因素对气候的影响，最佳方式是查看它们在过去，也就是在工业革命发生之前的地球发展史中的表现。说不定自然界对人类的影响远远大于人类对气候所能做的干涉呢！

气候史的相关出版物中经常会使用一些不同的词汇，而这些词汇之间又并无太大关系，如气候史上曾有一段时期是“冰河期（era glaciale）”，而发生在1400—1850年间的寒冷时期，则被称为“小冰河期（Piccola era glaciale）”。实际上那不过是相对温暖的时期内一段短暂的气温变化，甚至连气候学家们使用这个表达方式的时候也没有一个统一章程。有人用“冰河期”指代极地冰川蔓延覆盖了大部分欧洲大陆和北美大陆的时期；也有人把每一个有冰川的时期都叫“冰河期”，与此同时使用“大冰河期”来指代冰川到处推进的那段时期。我个人比较喜欢第二种表述方式，不过无论如何，我在书中会选择一个不给读者造成疑问的术语。

冰河期

大约5500万年前，还不存在极地冰盖。那时西班牙北部及美国中部一带都是热带地区，极地地区气候温和，植被覆盖，有点像现在的美洲西北部或新西兰地区。在那之后地球开始逐渐变冷，到了大约3000万年前南极洲大部分地区已经被寒冰封锁。

缺少极地冰帽的情况是罕见的。最普遍的看法是板块构造的移动导致了这一现象，板块移动影响了地球表面的大陆分布，决定着是否有大陆来支撑极地的冰川。板块构造移动还影响了碳从地球内部向地表排放的速率，以及大气层吸收热量的规模。不过在正常情况下，极地冰盖已然成为不变的存在，它们持续存在了大约 3000 万年，因为我们现在见到的冰盖就是 3000 多万年前形成的。有人声称，根据事物发展的正常进程，极地冰盖有可能将很快终结。这是不折不扣的蠢话，因为极地冰盖期能持续大约 3 亿年，而板块构造的移动非常缓慢，在接下来几百万年的时间里几乎都不可能对我们造成任何影响。

冰川作用

冰河期有盛有衰，在这期间，极地冰盖或四处推进或后撤。维尔姆冰期（Le glaciazioni Würm，在各地的叫法有所不同）在 2 万多年前达到了冰期极盛期，并从 1.2 万年前开始衰退。

关于冰河期周期性的出现，米兰科维奇[①]提出了三点原因：

第一，由于木星与土星吸引力的影响，地球轨道的形状在几乎呈圆形到略呈椭圆形之间变化，这一点年复一年造成了地日距离的变化。

第二，在地球沿着轨道绕着太阳公转的同时，地球的转轴倾角也在随着时间推进而变化。

---

① 米兰科维奇（Milankovi），塞尔维亚人，地球物理学家和天文学家，以研究冰河期而著名。——译者注

第三，太阳和月亮引起了潮汐力的变化，影响了地球轨道的“章动”[①]。

天文学家们使用这一模型预测了下一次冰川推进的时间，其计算结果表明它将发生在约 3 万年后。这一预测涵盖了一个大约 9.5 万年的循环周期，让人略感心烦的是这一周期在最近这 100 万年才出现，这就让这个预测显得更像是一个猜想而不是一个坚实的铁律。

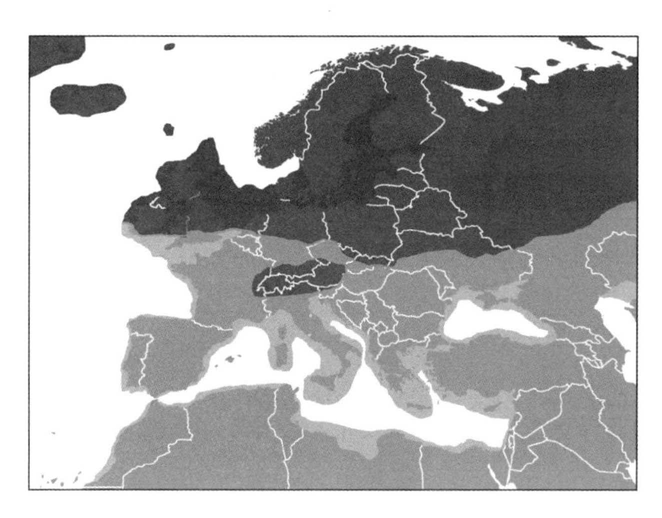

图 1　维尔姆冰期在欧洲大陆的最大面积

① 章动是指在行星或陀螺仪的自转运动中，轴在转动中的一种轻微不规则运动，使自转轴在方向的改变中出现如“点头”般的摇晃现象。——译者注

如图 1 所示，在欧洲地区，冰川曾一度延伸到法国北部边境，覆盖了德国的大部分地区、整个波兰以及俄罗斯在欧洲的大部分领土。在北美洲冰川还覆盖了加拿大乃至美国中西部一大部分地区。在紧邻冰川线的地方，在那些被保护得最好的河谷里，仍有欧洲云杉、银冷杉及萨利克柳树在生长，而在其他地方，几乎就看不到森林的影子了。那时候的人类只能迁移到更靠南的地方生活，并学会了保护自己免于受冻的方法，他们用兽皮缝制衣物，利用猛犸象的骨架搭建遮蔽所，将食物埋藏在永久冻土（永久冻结的土层）中保存以避免腐坏。图 1 显示，当时的海平面高度要比现在的低 100~140 米，因此爱尔兰和英国还都是欧洲大陆中完整的一部分。将来可能会发生的糟糕变化中，最让人担心的是，如果全球变暖导致冰川完全融化，现有海平面很有可能会再升高 70 米左右，而这会让大部分国家所拥有的可使用土地面积变得更少。

一个名为“创世纪的答案”（Answers in Genesis，简称“AIG”）的博客建议我们不要期待《圣经》能就这个时期给我们提供什么信息。“专注于大洪水发生之后中东地区所发生的事情。”它如是写道。单从这一点来说，这个博客就比其他大部分同类型的博客更有科学性，它没有考证 6000 年前的创世神话的具体日期，也没否认冰河期的存在。抛开我们究竟是依赖科学预测还是《圣经》预言不提，总之下一个冰河期看起来距离我们还很遥远，这是一件好事。但我们已经看到，冰河期会带来严重后果，不过，如果面对一个新冰河期是一种挑战，想一想碳排放量不断增加导致地球气温升高、极地冰盖完全消融的话，我们又将面对什么样的考验呢？除非我们变得无所不能，否则做出类似的设想会很荒唐。我们要怎么阻止地球板块漂移呢？我们又怎么消除地球轨道受天体运动影响产生的偏移呢？还是让我们一一来看吧！

气温的变化

我们生活在一个间冰期，享受到了从维尔姆冰期重新回到温和范围的气候条件。在间冰期里，经常出现一系列炎热或寒冷的时期，尽管这些寒冷的时期没有冰河期那样的毁灭性，但多变的气温也照样会给人类制造麻烦。例如，由于地球轨道的轻微变化，地球上曾经有过一段持续了近 1800 年（前 6000—前 4200）的暖期。通常来说，地球上持续炎热的时段是很短的，有一段“中世纪暖期”持续了仅 300 年（1100—1400），接着一段“小冰河期”紧随其后，持续了大约 450 年（1400—1850）。不过我也要承认，现在我们正朝着下一个自然暖期迈进，或者说正处于一段暖期而即将进入一段寒冷期。不管怎样，我们无法使用过去的气候周期表来估算未来气候时期的持续时间。

图 2 是一幅地图，在上面可以找到现今 3 个大冰川。一片

冰川覆盖着格陵兰（位于地图左上角的大岛）的大部分地区，包含西至加拿大北部、东临挪威北部、覆盖俄罗斯以及阿拉斯加的北极圈冰川群最主要的部分。你们可以移动手指沿着格陵兰岛南端滑到下方南极大陆（在这个地图投影上显得特别的长），在那里有一串山脉把南极大陆分割开，一部分是西部南极洲的巨大冰川，另一部分是东部南极洲的巨大冰川。

为什么生活在一个冰川相对较稳定的时代，我们还是会迅速从冷期进入暖期然后再颠倒过来呢？因为这种变迁通常只要 10 多年就会发生一次。时任伍兹霍尔海洋研究所所长的罗伯特・R. 加戈西安（2003）提出，这种突然的变化很有可能是洋流的改变造成的。

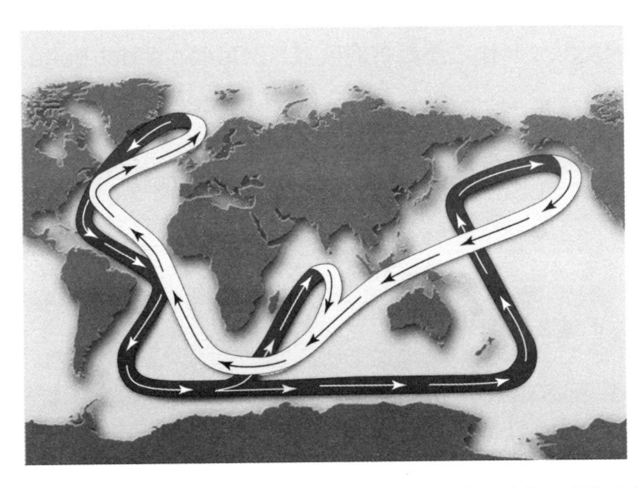

图 2　海洋输送带（Ocean Conveyor Belt）在整个地球范围内输送热量

图2显示的正是被定义为海洋输送带的巨大洋流，白色的部分代表靠近海水表面的洋流带，它推动着海洋暖流向北流动，直到汇入北大西洋。海洋将自身热量散发到大气中，盛行风又推动其一路向东，欧洲大陆的增温就有这股气流的功劳。

海洋输送带的“发动机”是北大西洋里的真空水流，它推动着海洋上层的暖流向北流动，当海洋寒流下沉时，暖流涌到之前寒流的位置填补寒流下沉造成的空白，于是产生了真空水流。寒流只有在盐分浓度极高的时候才会下沉，因为盐分会令海水变沉。因此如果来自北极冰川的融化雪水稀释了北大西洋中寒流盐度的话，那么寒流将不再下沉，也不会再有暖流涌入下层来填补空白。这样一来整个循环系统就“关闭”了，并可能导致冷期的出现，就像小冰河期那样。海洋输送带中穿越海洋到达佛罗里达附近的那部分叫作“墨西哥湾暖流”（Corrente del golfo），它的流动规模是一个很好的指示器，可以用来衡量海洋输送带是在全力以赴运转、维持着欧洲地区的温度，还是运转速度减缓、预警着一个冷期的到来。

关于过去的细节

我关于地球气候史的描述都是基于伍兹霍尔海洋研究所提供的数据和图表，这些资料可以通过访问网站“潜水与发现”

(Dive and discover) 随意查阅。

图 3 代表近 100 万年有关冰川的信息。曾经一度有说法认为，极地冰川每隔 9.5 万年 (这数字经常会被四舍五入到 10 万年) 就会推进一次，间冰期持续的时间相当短，只有 1 万年。然而如果借助一把直尺的帮助来解读最近这 100 万年的图表的话，我们会发现冰河期峰值发生的间隔是在 6.5 万—12.5 万年，而这些间冰期的持续时间显然各有不同。比如，最后一个两次冰河期之间的间冰期持续时间并不是 1 万年，而是 7 倍长于这个时间，是从 7.4 万年到 12.8 万年。图 4 显示了在这期间的实际情况，虽然通常被叫作间冰期，然而这期间的温度根本不是稳定不变的。

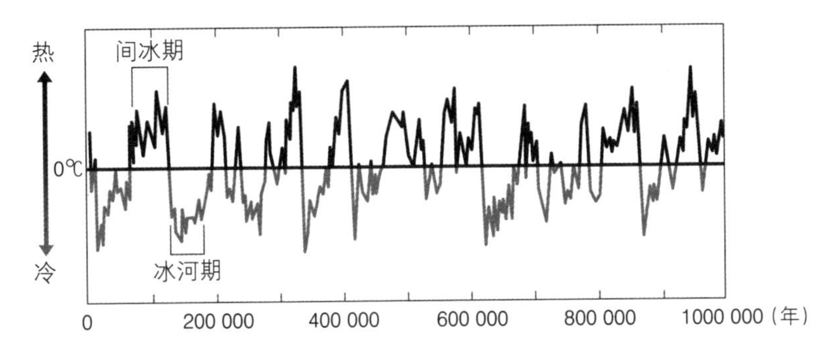

图 3　过去 100 万年的气温变化图

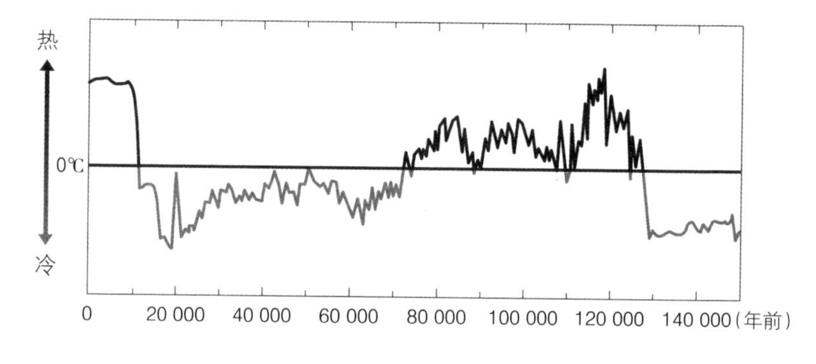

图 4　过去 15 万年的气温变化图

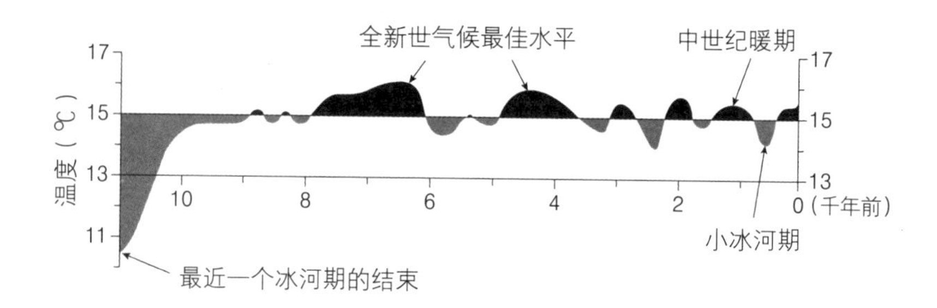

图 5　过去 1.1 万年的气温变化图

图 5 显示了最近 1.1 万年来的气温变化，这表明在我们所处的整个间冰期内分别有过 6 个暖期和 6 个冷期。这些变化期的持续时间各不相同，从 200 年到 1800 年不等，不该被当作是受到同样的气候条件影响的结果而被归到一起。实际上，一个小于地球轨道的周期在全新世（Olocene，距今 5000—7000 年

前）发挥了它的作用，无论是从持续时间还是从温度变化模式看，它的峰值都是非典型的。在这个时间间隔中，既有特别炎热的北方夏季，也有寒冷的热带冬季。

这些图中表明，地球气候史并不像有人设想的那样，能找出一个可以用来预测地球今后气候变化的规律。人类能下的最好赌注不过是尽力预测下次全球海洋输送带停止运转的时间，从而预测欧洲的冷期。大卫·隆等研究者（2006）完成了一项关于墨西哥湾暖流——海洋输送带中从佛罗里达沿岸海洋输送暖流到北太平洋的那一部分洋流——的相当吸引人的研究。如果墨西哥湾暖流流量减弱，那么对北半球来说这很有可能会是一个相当严重的预警讯号，而且这些科学家的测算表明，尽管目前墨西哥湾暖流的流量维持在较高的水平，气温也仅仅保持适中水平。而在极地冰川的冰盖正在融化的北大西洋，自 1990 年之后盐度高、温度低的海水正在被（融化的冰川）淡水稀释，这一点众所周知。正如我们之前所说，如果海水寒流达不到足够下沉的盐度，就不会再有暖流向北流动。那么墨西哥湾暖流有可能会部分中断，欧洲地区可能会变冷。这就像有人把风扇转向别处并且降低了扇叶的转动速度。

总之，我们对很多事情都知之甚少。如果暖流流到北大西洋，就会令当地空气升温的话，那么这股暖流的出现应该会在冰岛附近制造一个低气压区，以此使得附近的暖空气能够流入这一地区，并由此继续向南流动，使欧洲升温。可惜冰岛附近的气压有它自己的特性，我们并不完全了解海洋和大气到底是以何种方式相互作用的，因此我们也无法确切地预言盛行风究竟输送了多少热量。

对开篇问题的回答

究竟是怎样的自然进程导致了气温的变化，或者有哪些非人类影响的因素会起作用？我们已经在三个层面有了不少了解：第一，地球板块构造与极地冰川存在之间的关系；第二，地球轨道和冰河期之间的关系；第三，洋流和冷暖期之间的关系。在不久的将来，大自然能对我们造成的唯一伤害，大概就是让我们承受一段严寒期。为了能够预测这种可能性，我们必须要更了解洋流、墨西哥湾暖流以及冰岛附近的大气条件。

除此之外，大自然看起来不像还会在不久的将来给我们准备剧烈的气候变化。我们正生活在整个间冰期内气候相对和煦的一个时期，唯一有能力改变这一情况的就是我们自己。从长远来看，在中和了人类干涉所可能造成的负面影响之后，我们能够应对的只是一些很小的变化。如果我们不准备与诸如地球板块运动或地球轨道变化这样极为强大的自然力对抗，或想消灭极地冰盖的话，我们至少可以尝试预测下一个冷期的到来时间。关于气候的全部争论正是围绕着大气碳排放的“功绩”进行的。

第二章　大讨论

提问：

· 怎么判定大气中的二氧化碳是否影响了气温？

· 人类活动能使气温达到导致极地冰盖融化的程度吗？

本章我们将会研究碳所扮演的角色引起的巨大争议。首先我想告诉大家以二氧化碳的自然特性，它是不可能不影响温度的。在“碳与其他因素”中我会试着列出一些会相互影响的因素；在“第一个试验”中我想试着提出一些能从其他因素中单独分析出碳的作用的试验条件，以便能估算出其独立影响；在“第二个试验”中，我们会知道这个实验是充满风险且无法逆转的。

碳与化学

地球表面从太阳吸收可见辐射（光线）而升温，与此同时，地球的表面和大气层也将红外线反射进宇宙，以这种方式散发热量。只要地球以可见光形式吸收的热量能等于以红外线方式散发的热量，地球上的气温就能长期保持恒定。氮、氧、氩共同组成了超过 99% 的大气成分。这三种气体中没有哪一种会吸收光线或红外线，因此当谈到温度时，只需把大气中最主要的组成部分当作不存在就行。

而二氧化碳和水蒸气的作用则完全相反。尽管它们只占据大气中极为微小的一部分，事实上其比重无论增加还是减少，哪怕仅仅发生一点点改变，都会成为我们现在所研究的话题中的关键角色。在并不阻止光线照射到地球表面的同时，水蒸气和二氧化碳还会阻止热量以红外线的形式从地球逃向宇宙。CO_2 是碳的一种分子形式，通过两个共价键与氧链接：O ← C → O。这些共价键会以一定的频率震动，吸收热能。

为什么哪怕是在寒冷的天气，要是你把汽车留在太阳底下，车内也会变得很热呢？因为玻璃的分子震动频率和二氧化碳的非常相似。太阳光的波长很短，能够非常轻易地穿过防风车窗的玻璃（进入车内），然而当光线将车内物体加热之后，这些物体会以红外线的形式散发热量，因为红外线的波长很长，这些波长的绝大部分都无法逆向穿过玻璃散发出去。热量就这样被困在汽车内部出不去了。此外，当一空间被玻璃“封闭”时，玻璃是完完全全按字面意思那样把热量“封闭”在空间内部阻止它外溢了。显然二氧化碳和水蒸气不会制造玻璃屏障，但是当它们吸收“打算”外逃到宇宙的红外线时，却把红外线扩散到各个方向。这些红外线中的大部分只好向下运动，从而引起气温上升，也就是所谓的“温室效应”。

物理学告诉我们，如果大气 CO_2 含量翻倍，那么气温有可能会上升 1 摄氏度。然而气候学的模型设想得却更多：大气中的二氧化碳会产生一定量的水蒸气。当二氧化碳使大气升温时，热空气中的湿气增加，频率大约是温度每升高 1℃湿气比重增加 7%。二氧化碳是全球变暖的首要因素，然而它的全部影响是由它自身以及它的次级产物水蒸气共同造成的：这两种物质结合到一起的威力要比二氧化碳的单独威力大 3~5 倍。直到不久之前，二氧化碳能增加空气中水蒸气含量的能力才被认可。凯文·特伦伯特（美国国家大气研究中心研究员）和大卫·伊斯特林（美国国家海洋和大气管理局研究员）估计，自 1970 年以来，美国的大气中水蒸气含量增加了 3%~4%，相当于增加了约 7.5 兆升，这涉及一个独特的测量方法。两位科学家使用了和大气有关的独特湿度测量方法，从而测出一个特定大陆上空的水蒸气含量。如今，水蒸气的回应已经足够明确，同时这也解答了人类是否该严肃对待各种气温升高预测模型的问题（吉利斯，2014）。

碳与其他因素

和其他因素相比，二氧化碳的相对作用是什么呢？为了突出碳的作用，我们假设状况链的发展是这样的：大气 CO_2 含量的增加使得地球的气温升高［甲烷（CH_4）是另一种对温室效应有重要影响的气体，但是会被氧化成 CO_2］；大部分的热量促进了更多的水蒸气的产生，并导致热效应成倍加剧；热量融化了极地冰盖，而后者是一个能将热量从地球表面反射出的理想反射器。各种因素的结合作用极为强大，在这一假设情境中，一切都是碳这个始作俑者带来的。

在我的假设情境中，把碳看作了激发连锁反应导致极地冰盖从地球消失的唯一因素。然而实际上我们都知道，事情并非完全如此。地球大陆块的分布与极地冰帽的存在有非常重要的关系。比如说，南极洲有一块广阔的大陆块，这是冰帽形成的理想环境。

地球除了从太阳接收能量之外，还会受到太阳带来的两个不同影响。首先，太阳辐射的热量在地球的历史发展进程中（从 47 亿年前至今）已经增长了 30%。其次，有一些天文现象会影响地球轨道同太阳之间的关系和地球表面各地区接收太阳能的朝向，以及接受太阳能的规模。别忘了米兰科维奇的理论：地球轨道和木星、土星以及月亮之间的相互作用会带来如下的影响：每2.3万年以及每2.9万年地球章动会出现一次变化；每4.1万年地球轨道平面相对于太阳的倾斜角度会发生一次改变；每10万年以及每40万年地球轨道的形状就会在近圆形和近椭圆形之间变换一次。而最后这一个周期变化远超过其他变化，是最重要的一个变化。最后，还有一些次要的因素只能在短时间内让人们察觉它们的影响。比如说，海洋输送带有可能全部或者部分中断，造成局部短期炎热或寒冷，特别是在欧洲地区。

第一个试验

现在我们已经有了一个气候变化影响因素的列表：

——大气中的碳；

——大陆分布及洋流；

——太阳能；

——地球轨道的变化；

——海洋输送带的变化。

我们的目标是从任何其他因素中单独离析出碳因素的影响。窍门就是找出一个碳发生改变的时间段，在此期间其他因素数量较少而且详细数据方便可得。在接下来几页中我会比较1200年间、6亿年间以及80万年间的情况，以便说明为什么我认为第一个时间段太短而第二个时间段又太长。

图6的绝大部分表示了人类开始增加大气碳排放之前数千年的情况。

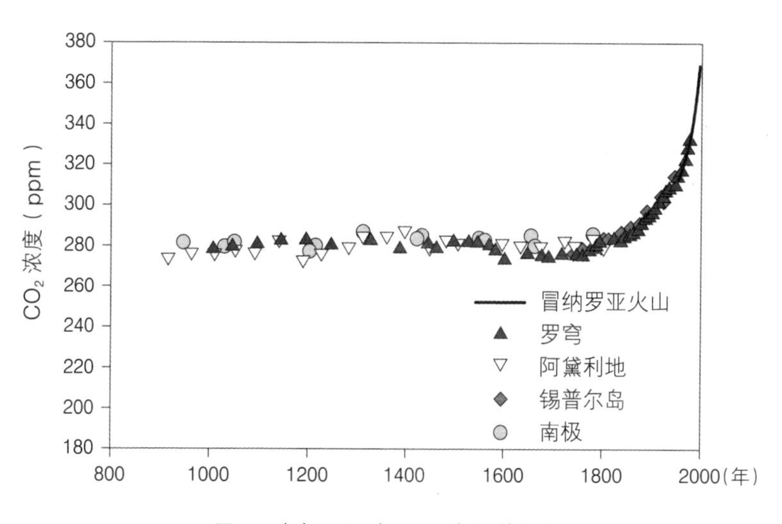

图6　大气 CO_2 在1200年间的变化

（来自南极洲冰芯样本以及冒纳罗亚火山核心样本）

图中包含了中世纪暖期的二氧化碳浓度最高值和小冰河期时代的二氧化碳浓度最低值，在小冰河期期间，气温变化幅度为1.6℃左右，至少在北半球是这样。而直到1850年左右，大气 CO_2 一直维持在大约280百万分浓度。这一恒量受到了怀疑论者们的欢迎：墨西哥湾暖流和其他“次要”因素能独立于二氧化碳数值之外左右气候。然而我们无法用碳含量不变的时间样本来衡量碳含量变化时的影响。

为了支持他们的理论，怀疑论者还使用了图 7 来反映最近 6 亿年变化的数值。我们可以看到一方面气温在 5000 多万年前上下波动，而另一方面大气 CO_2 浓度在 240 ppm（最近的数值）到 7500 ppm（远古的数值）之间变动。这两个数值之间不存在什么相关联系。更糟心的是，高温数值呼应了高碳含量水平。

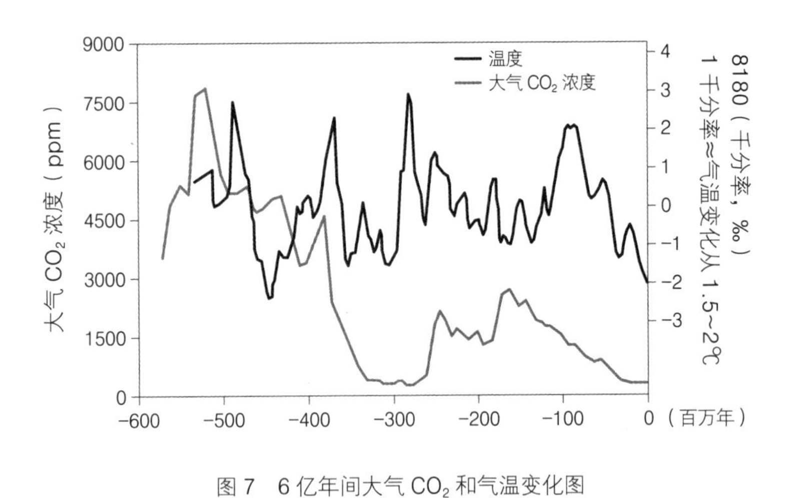

图 7　6 亿年间大气 CO_2 和气温变化图

不过这个时间间隔提供的实验条件非常糟，因为二氧化碳数值无法确定。回看 80 万年前，我们有冰芯样本的数据，至少对极地地区来说这些数据是非常可靠的。再向前推进 1 亿年，我们必须使用海洋沉积物样本。再向前推 4.5 亿年的话我们得使用复杂的模型，比如地球化学模型（像地球同步碳循环观测站 III），一个以火山活动、侵蚀作用以及碳截存作用的碳浓度为基础的模型。这些结果没有任何直接实验支持，只能被看作是暂时性估计。大气二氧化碳水平也许在遥远的过去升得更高，而如今没有这么高，这些都无法用精确的数据来确认。

还有一个更重要的因素：当时的地球几乎像外星球一样。如今的大陆分布对于冰盖的形成是理想的，然而在地球的历史上却从来不是这样。事实上，现在我们拥有一块广阔的南极大陆——一块独立于世，只有寒冷没有热源的大陆。此外我们还要注意南极洲的冰川相对于北极冰川显得极小，北极冰川漂浮在北冰洋上，位于北极附近的格陵兰岛承载了绝大部分的北极冰盖。最后，如今世界上最强大的洋流——南极绕极流（ACC），环绕着这片广阔的大陆并扮演着一个重要角色，让南极洲远离其他海洋暖流。

板块构造活动创造和破坏着大陆。10 亿年前地球上只有一块大陆——罗迪尼亚大陆，这块大陆没有任何一部分位于极地附近。在距今大约 7.5 亿年前，罗迪尼亚大陆发生分解，尽管分解成的新大陆有可能在超大陆潘诺西亚（理论上史前超大陆，尚存争议）中重新聚合了很短的一段时间。在距今 5.5 亿年前，潘诺西亚大陆彻底分裂成 4 块大陆。板块的挤压碰撞和张裂拉伸可能都引起了剧烈的火山喷发。新形成的超大陆就是盘古大陆，存在于距今3亿—1.5亿年前。这块新大陆也远离极地：之后形成南极洲、澳大利亚的几块大陆当时还是相互平行的，位于现今澳大利亚北部的地方。距今约2亿年前，盘古大陆开始分裂，欧亚大陆大陆块——包含后来形成的北美大陆和欧亚大陆——以及冈瓦纳大陆的大陆块（包含了之后形成其余各大陆的大陆块）相继脱离。

抛开数据的质量优劣不谈，这一漫长时期显然以大陆的聚合分布变化为主导，并对气候造成了剧烈的影响，成为气候变化的主要影响因素。

图8的跨度是最近80万年，它为CO_2含量和气温变化提供了最佳的实验环境。这一时期的数据质量上乘，大气CO_2的含量变化明显，多少能让我们了解一些CO_2含量和气温变化的相互关系。几乎其他所有可能会影响气温变化的因素在这一时期都很稳定。在这样一个相对较短的时期中，太阳能的数值变化幅度也并不大：小于1%的0.5%。气温变化和时间间隔是如此明显，以至于微小短暂的气温变动在数据记录中被自然而然地忽略了，因此也不存在其他各种因素的影响，比如海洋热量输送。特别是大陆已经趋于稳定，大陆漂移导致的地块因素影响也不再存在。总之，只剩下了一个会和碳影响混淆的因素：地球轨道的变化。

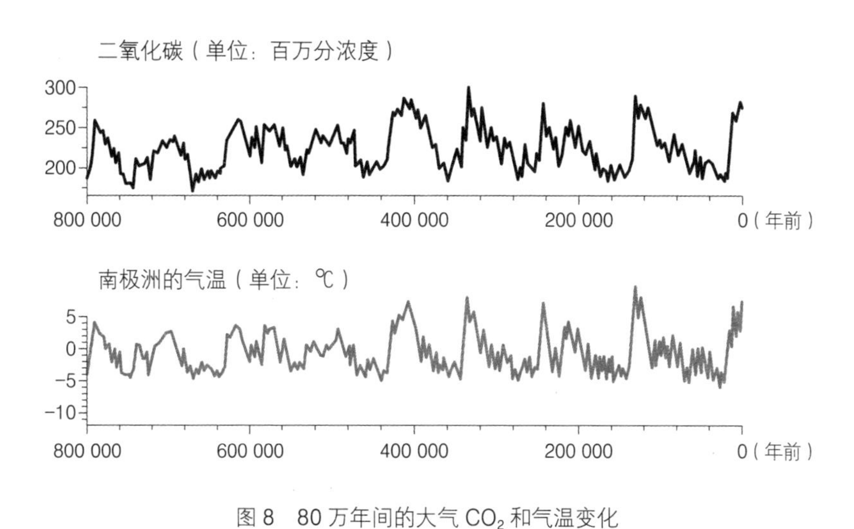

图 8　80 万年间的大气 CO_2 和气温变化

图 8 展示了气温变化曲线和 CO_2 含量变化曲线的显著相似性。气温从摆脱严寒到进入上升趋势之前有一个短暂的延迟，而大气 CO_2 浓度的增加也是如此。气温模型用以下方式诠释了这种现象：地球轨道的变化影响了地球接收太阳能的强度和位置，并由此开始了升温过程；一旦海洋升温，存储在水中（以及其他地方）的大量碳分子以二氧化碳的形式挥发到大气中；后者（以及水蒸气）又为升温贡献了力量，使得地球从冰河期进入更温暖的间冰期。

模型显示，地球轨道变化造成的升温效应可能并不足以达到我们观测到的升温程度。实际上有些科学家预测，单由这一因素引起的变化是非常“微弱”的（英国南极调查局，2013），因此他们认为大气二氧化碳是首要成因。现今预测模型只有一个变量不同：人类。正是人类活动导致大气 CO_2 含量的急剧升高，加强了它在全球气候变暖中的影响。

不过怀疑论者们已经学会了质疑模型，反驳说这个情境是由想要证明的结论预设反推出的原因。相互关系和原因并非一回事。为什么不假设全球变暖和大气二氧化碳的排放都是由某些共同因素导致的，但二者之间并没有互为因果的关系呢？这就好像一个经典的例子：推测冰淇淋的销量是由花粉热病症的增加导致的。实际上这两者之间并没有任何因果关系：导致这两者发生的共同原因是暖和季节的到来。

怀疑论者们常常声称，太阳黑子的活动可能是导致全球变暖的因素，说的是太阳的剧烈磁场活动会导致我们的恒星光亮变得更强。然而要想证明太阳黑子是相互作用关系中的未知共同因素，还得解释清楚它在最近 80 万年的时间中（大部分都是前工业时期）是怎样影响了大气二氧化碳的波动，并使它与温度的变化如此契合的。就我所知，还从没有人研究这个问题。我说这些并不意味着太阳黑子不能造成短暂影响，或者对最近的全球变暖现象影响甚微，但这并不会影响我们对第一个实验的解释。目前并没有合理的未知相关因素的候选对象：我们已经排除了太阳能生产总量、太阳黑子、海洋输送带以及大陆分布的原因，除非它们能让有关地球轨道改变产生的微弱影响的计算无效，否则就不会对全球变暖有实际影响。

至于大气二氧化碳造成的结果，图 8 显示，气温在冰河期的谷值和间冰期的峰值之间以大约 7℃的幅度波动，相应的 CO_2 水平范围则在 200~280 ppm 之间变化。因此 CO_2 水平提升 40%（80:200=0.40）会导致气温升高大约 7℃。如果二氧化碳含量提高 40% 能够导致温度上升 7℃的话，那么我们引起的二氧化碳含量从 400 ppm 增加到 1000 ppm（大约相当于提高 150%）将会造成气温猛烈升高 20℃以上。

然而没有任何模型预示我们会在 2100 年时面临这种程度的升温，最主要的原因就是极地冰川的存在。纯粹主义者可能会感到怀疑，不过还是让我们想象一下从冰箱里拿出一杯冷冻的饮料吧：我们把饮料拿到更热的环境，比如室温中，如果杯子里放有一些冰块的话，那么饮料升温的速度就会更慢。在地球上，我们有 3 个巨大的“冰块”：格陵兰冰川、西部南极洲冰川、东部南极洲冰川。我们的极地冰川在 100 年内都不会融化。东部南极洲的冰川有 2700 万立方千米之巨，平均厚度达到 3 千米，相当于珠穆朗玛峰（平均海拔高度）的 1/3。只要冰川存在，冰川融化的雪水流入大海，就能继续保持气候凉爽；此外，冰川还能反射太阳光，将其热量送离地球表面。我们正在强行为这套输送系统加大马力：在不到一个世纪的时间里，我们正将大气 CO_2 含量推向 1000 ppm

高度，这个速度是大自然望尘莫及的。然而多亏了冰川群的存在，在短时间之内全球变暖的前进步伐才会有一定的延缓。

当我 2013 年去拜访牛津大学地球科学系的时候，气候研究员们告诉我，根据他们的测算模型，到 2100 年时地球气温将会升高 6℃，而格陵兰岛以及西部南极洲的冰川届时将会消失（伴随着海平面灾难性的上升），东部南极洲的冰川那时仍然存在。他们还补充说道，即便到了 2100 年，我们能够成功阻止大气 CO_2 含量升至 1000 ppm，气温也依然会继续升高，到了 2300 年时三大冰川将会全部消失（本段经由伦敦大学地球科学系主任吉迪恩·亨德森核对）。

根据我们的第一个实验结果，或者图 8 的信息，我完全认可目前接受度最高的几个气候模型的预测结果。自然，牛津大学的模型全面考虑了一系列我不曾顾及的细微之处：气温上升不会对整个地球造成相同程度的影响。比如，在 21 世纪余下的时间里，海洋输送带有可能会有利于某个地区，比如欧洲，让该地区推迟升温 1℃ ~2℃。然而这种地区性的现象在全球性趋势面前的分量不值一提。

第二个试验

如果对二氧化碳影响气温的程度有疑问的话，科学可以提供另一个实验：在一段极短的时间增加二氧化碳，令任何其他因素都无法造成显著影响。从 1850 年起人类就开始了这项实验，在仅仅 163 年的短暂时间内向大气中排入大量碳。天知道这个实验什么时候能结束！不过我们现在已经开始收集一些初步的结果，我相信在 50 多年的时间中，我们收到了越来越令人担忧的警告。

图 9 给我们提供了这期间的数据。人类造成的 CO_2 排放量的增长曲线、大气 CO_2 的浓度的增加曲线以及全球气温增长曲线之间看起来肯定有因果关系。在 1960—2008 年间，人类活动令大气 CO_2 浓度从 315 ppm 增加到 375 ppm，增长达到 19%，这一结果看似令温度升高了 0.6℃。以这一速度，如果 CO_2 再提升 150% 的话可能会让气温再升高 4.74℃，这比牛津大学研究组估算的 6℃低了一点。我想要补充说明的是，通常模型计算都会在时间发展中体现一个加速度的效果。但是即便升高 4~5℃也意味着到了 21 世纪末极地冰盖将会大幅减少，海平面则会大幅度提高。

不过图表在显示增势的同时也展示了一个例外。我们注意到在从 1960—1978 年期间气温曲线保持着相对平稳，直到 1989 年之后才急剧上升。俄罗斯和东欧地区曾经燃烧过杂质很高的煤炭，与其称之为“煤炭”，不如叫作“含碳量较高的硫”。大气硫起到了一种类似“遮阳篷”的作用，抵消了二氧化碳令全球升温的趋势，使得气温保持了相对稳定。然而随着西方国家相继立法

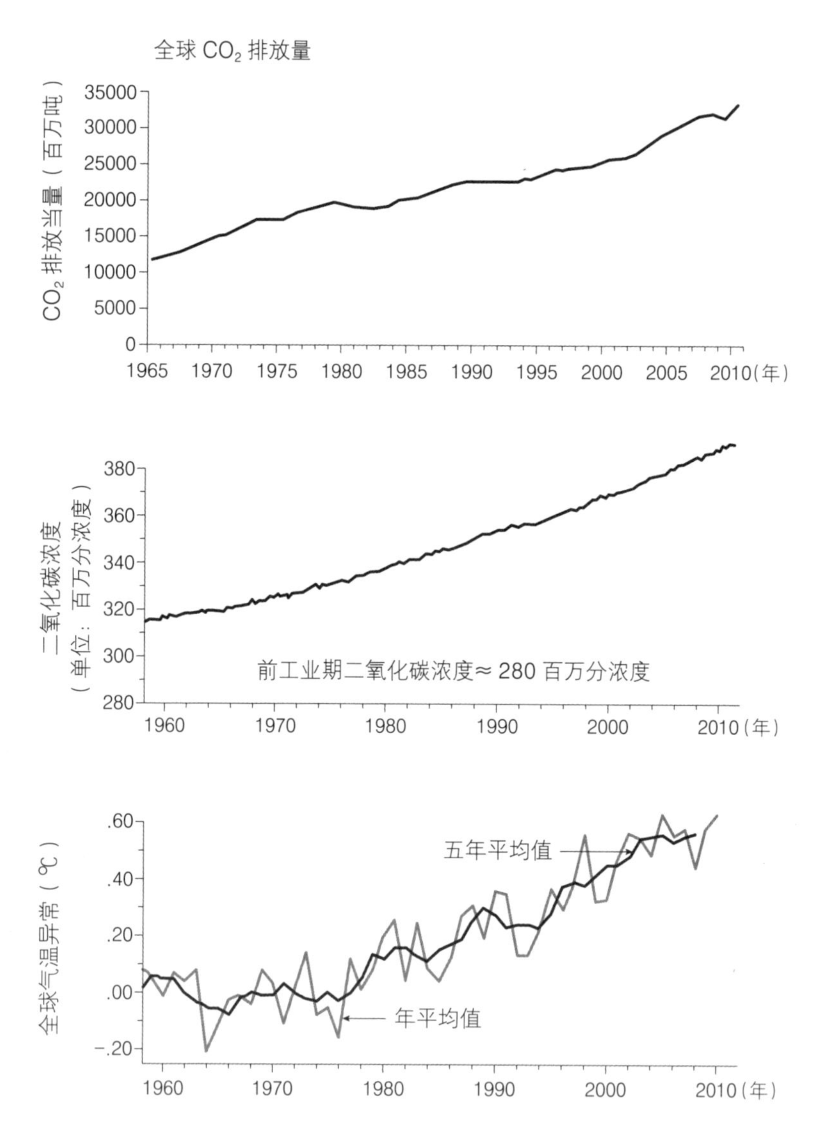

图 9　近年碳排放趋势，大气 CO_2 浓度趋势以及全球气温趋势

支持清洁空气以及苏联的瓦解，硫排放有所下降，气温因此开始升高。如今，中国仍有人在使用含硫量较高的煤炭，这可能会放缓全球变暖的速度，但他们现在也开始着手清洁大气排放，因此这种缓解也不会持续太久。很明显，我们决不应该下结论说把燃烧杂质炭作为解决全球变暖问题的一个手段：诚然，大气能很快清除掉硫，而碳却会残留数世纪。

图 9 呈现的都只是 1960 年以后发生的现象趋势。恩斯特-格奥尔格·贝克（2007）提出反对意见，声称自从工业革命开始时起碳排放的增长就已经在不断提高大气 CO_2 浓度了，他主张哪怕近年的趋势也是非常多变的：从 1935 年的 320 ppm 突然间蹿升到 1937 年的 430 ppm，并且从 1937 至 1948 年一直保持在这个水平附近，随后又在 1950 年突然跌回 320 ppm。如果 1937 年时 430 ppm 的浓度是正确数值，那么这一数字就超过了现今的 400 ppm，而碳排放量增长和大气 CO_2 含量增加之间的联系就肯定要被宣告无效。

格奥尔格·霍夫曼（2007）就两点问题批驳了贝克的看法。首先，贝克认为 1935 至 1937 年间大气 CO_2 含量一下增加了 110 ppm（430−320=110），这相当于一下增加了 230 兆吨碳（110×2.08=228.8）。[①] 怎么可能会发生这样的事情呢？难

① 关于乘数 2.08 的解释，见下页方框 1。

道以往每年能从大气中吸收几乎一半二氧化碳的海洋和植物从1936年开始就突然地停止了两年的活动？毫无疑问，没有什么新鲜的理由能够解释大气碳含量这令人惊讶的增量（我们肯定不能把责任推到火山喷发或者第二次世界大战的头上）。此外，就算假设海洋和植物在那之后又突然恢复了从大气中吸收二氧化碳的能力，还维持了十几年，等到了1949年它们突然又超越了自我：通常海洋和植物每年能够吸收的二氧化碳是112.5兆吨，然而1949年后的两年间，它们的能力突然翻倍了。所有这些显然都没有什么说服力。

方框1

科学家们通常倾向于用两种方式谈论大气中碳的含量：用体积（ppm，百万分浓度）来描述大气CO_2的含量或用兆吨质量（1兆吨=10亿吨）来指代大气碳含量（而非二氧化碳含量）。计算二氧化碳体积到大气碳含量质量转化的方程式所乘的乘数是2.08。当我说大气CO_2含量增长110 ppm的时候意味着碳含量增加了228.8兆吨（110 ppm×2.08）。2.08这个数值本身没有什么神秘的：这是由地球大气维度所决定的。这并不是一个CO_2到碳的质量直接转化公式，稍后我们来更广泛地研究这一点。

其次，贝克所提出的测量数值都要追溯到更久之前（1825年和1857年），科学家们直到最近才意识到能够影响大气二氧化碳计量的因素存在。季节的循环往复和昼夜的交替、陆地数据源与海洋数据源之间的差异、森林数据源与平原数据源之间的差异，以及城市严重污染地区数据源及其周围地区数据源之间的差异，都需要加以考虑。大部分久远的数据都是取自诸如巴黎、哥本哈根以及迪耶普这样的城市，又或者是包围着浓密植被的地区。空气取样是一项精细的活计，而一些关于19世纪科研设备的图像则证明当时取得的样本并不是那么完美无缺。

更精细的观测数据分析则开始缩减怀疑论者们的队伍。理查德·马勒（2012）就曾是一个怀疑论者。他和他的女儿伊丽莎白建立了伯克利地球项目（最早叫作伯克利地球表面温度项目），发表了5篇十分重要的文章。[①] 马勒研究了最近250年间的气温趋势，让他惊讶的是，气温趋势居然和“大气二氧化碳文献记录趋势高度一致”。关于太阳变化（太阳黑子）是气温变化因素之一的假设看起来的确是错误的。这一结果和最近的数据完全一致，数据显示，太阳（黑子）活动对太阳的亮度影响很小。短短几年里的各种微小变化其实是火山和洋流影响的结果。

如今，马勒预测气温上升比率有可能在2070年达到2℃。

① 可通过网址 http://www.berkeleyearth.org 查询。

海洋温度的上升有可能会更慢一些，因此马勒预测大约要到2100年海洋温度才会提高2℃。正如读者所知，我个人认为这个速率估算得相当谨慎。另一方面，马勒警告说，如果中国继续增加煤炭消耗的话，我们也许会更快达到预计气温（大约在2032年）。

对开篇问题的回答

我们怎么认定大气二氧化碳的影响有哪些呢？它的影响程度会大到令极地冰盖消失吗？我研究的这些问题适合一个社会科学家解决。我的目的是找出尽可能具备最少变量的实验条件，以免这些变量混淆问题（或干扰解决方案）。第一个实验表明大气CO_2含量的增加有很大可能会导致气温升高，第二个实验表明气温的升高很有可能会受到二氧化碳的影响。鉴于可以通过非温度计方式衡量全球气温升高，即判断极地冰盖的脆弱程度（见下一章），我对于最后这个结论的信心大增。如果这些建议是正确的，那么极地冰盖的消失将不再是一个“是否会”的问题，而是一个“什么时候会”的问题。我们的未来充满不确定性，然而这些实验结果具有如此强大的冲击力，足以摧毁我的中立态度，驱使我加入忧心忡忡者的行列。

第三章　冰与食物

提问：

· 极地冰盖正在融化吗?

· 为什么二氧化碳排放量如此重要?

如果不是极地冰盖正在融化的话，我们现在就有足够权利来怀疑测量全球气温攀升的结论。此外，我的学生们也经常会问我一个问题：就算承认大气 CO_2 含量正在增加，这也有可能其实跟我们并没有任何关系，比起大自然每年的碳排放量来说，人类活动所造成的大气碳排放只有很小的一部分而已。诚然大气 CO_2 含量的增加对人类来说并不是一件好事，然而人类本身也许并没有能力增减足以造成变化的碳排放量。

冰与海平面

海冰由海水凝固而成，其中含有盐分。地球冰川则是不含盐的铺排的冰块，能够覆盖如格陵兰岛、南极洲般的广袤地表。海冰的重要性远远不如地球冰川。实际上，从长远来看，后者会因溶解或者断裂进入海洋，导致海平面上升，而海冰就算融化，也不会提升水面。实际上，海冰的密度要比水小，因此浸入水中后会漂浮于水上。然而当冰块溶解后，密度会与水相同，占据漂浮时淹没在水中部分的同等体积，因此海平面不会发生变化。想象一下你把一些冰块装入一杯饮料，饮料被挤升到杯子的边缘，然后你走开了，忘了喝饮料，等你再回来时就能发现，尽管冰块已经都融化了，饮料也没有溢出来。

我们地球上的 3 座大陆冰川，东部南极洲冰川的质量至少有 2250 万兆吨，西部南极洲冰川的质量有 210 万兆吨，而格陵兰冰川的质量则至少有 270 万兆吨（提醒大家 1 兆吨等于 10 亿吨）。如果这 3 座冰川融化，海平面将会进一步升高。如果东部南极洲冰川融化，海平面会升高 58 米；如果西部南极洲冰川融化，海平面会提升超过 5 米；如果格陵兰岛冰川融化，海平面会升高 7 米。在 2013 年，格陵兰岛冰川融化了 200 兆吨的冰雪，西部南极洲冰川融化了 115 兆吨，东部南极洲冰川融化了 15 兆吨，总净消失量为 330 兆吨。

东部南极洲冰川是非典型冰川，因为它覆盖了一座远高于海平面的大陆，暖空气融化冰川的速度要比大洋暖流慢得多；它所在海拔高度的气温极低，只要气温不上升太多，就不会超过冰点温度；热空气会促进降雪，因此会进一步增加冰川的质量。由于以上种种因素，谁也不知道 2100 年时东部南极洲冰川的质量会是多少。不过我认为它那时的质量会和现在一样，也就是说接下来几十年间它所增加的质量会和到本世纪末时为止所减少的质量相抵消。因此，要是另外几座巨大冰川也融化了，到 2100 年的时候海平面至少要增高 12 米。我说“至少”是因为热量还会令海水膨胀一点（就像让体温计里的水银上升那样），而这种膨胀也会为海平面上升贡献一点自己的力量。奇怪的是，水结冰时也会膨胀，这是由冰的大晶体结构造成的，否则冰也无法漂浮在水面了。

我所能找到的关于预测海平面上升对美国影响的投影计算都不超过 8 米，在这一水平会有众多美国城市被淹没：迈阿密、新奥尔良、加尔维斯敦、诺福克和大西洋城（100% 被淹没）、剑桥（马萨诸塞州）、萨凡纳和查尔斯顿（80%~87%）、圣彼得堡、泽西城、萨克拉门托、纽瓦克和坦帕（50%~70%）、威尔明顿、纽约和莫比尔（36%~41%）、费城、旧金山、波特兰（俄勒冈州）、波特兰（缅因州）、华盛顿特区、普罗维登斯、西雅图和塔科马（13%~21%）。如果海平面升高 12 米，新西兰将失去它所有的平原地区城市，即内皮尔、黑斯廷斯以及布兰尼姆，因弗卡吉尔的大部分、基督城的低矮郊区、提马鲁和达尼丁（我的家乡），包括达尼丁的市中心，至少半个纳尔逊以及至少 1/3 个奥克兰。[①] 我预测说 2100 年海平面会升高 12 米显得有点危言耸听。目前大部分的预测模型都显示到了本世纪末气温会提高平均 3.3℃ ~5.6℃（索森，2014），相对而言牛津大学估计的 6℃就显得很高。不过并没有模型假设大气 CO_2 的含量会升至 1000 ppm。然而如果读者们有耐心的话就会意识到，这一假设是有道理的。我们并没有太多的数据能对极地冰盖消融的预测有足够的信心。然而 2013 年消失 330 兆吨冰川意味着比最近几年每年增加 10%。如果我们采用一个较低的年度消失率（8.7%）来计算从现在到 2100 年这剩下的 85 年多的冰川消失量，会得到净损失 480 万兆吨的数字。这意味着，无论是格陵兰岛冰川还是西部南极洲冰川都得彻底消失。

其他设想

多亏了德国建造的一对双卫星 GRACE（重力恢复及气候试

① 关于新西兰的情况可以通过网址 http://flood.firetree.net/?ll=-41.1803, 175.3917&m=60 查询。关于美国方面也有一个在线地图可以通过网址 http://www.nytimes.com/interactive/2012/11/24/opinion/sunday/what-could-disappear.html?_r=0 查询。

验卫星 Gravity Recovery and Climate Experiment）传递信号，我们现在可以监控冰川的消失情况。利用两台卫星之间的相隔距离为测量标准，我们可以测定地球表面某一特定点的精确重力强度（冰的减少意味着重力引力的减弱）。在这之前曾有其他的测量方式，然而直到 2012 年之前这些测量值都没有被相互协调过。不过合理的估计值可以追溯到 1990 年，科学家们利用这些预估值来预测 2100 年时的海平面的上升高度。这些预测值基于比我提出的更保守的气温升高预测值，我们可以来一一审视这些备选预想。

2013 年，地球极地冰川总消亡量估计值为 330 兆吨。假设 363 兆吨地表冰川融化并最终汇入海洋，海平面也仅仅会提升 1 毫米，这一数字肯定不会让人觉得震撼。正如我所提到的，海洋的升温伴随着“热膨胀”：温水会占据更多的空间，就算不考虑融化的冰川海平面也照样会升高。卡缇娅・多明格斯等研究者（2008）做出了一项重要贡献，他们区分出了 2003 年导致海平面上升的各种不同因素的影响程度：极地冰盖融化因素占据了 34% 的影响，热膨胀导致的影响为 42%，其余 24% 的影响则是世界其他各地小冰川融化所导致的，比如喜马拉雅山脉的小冰川或安第斯山脉的小冰川。2013 年极地冰川融化（对海平面上升）所造成的影响为 40%。在我的设想中到本世纪中叶，这一原因将会越来越占据主导地位。

目前通常预想海平面一年平均上升 2 毫米（政府间气候变化专门委员会，2014）至 3.2 毫米（尼克拉斯、卡泽娜芙，2010）。就算考虑到有可能变得更快的提升速率，到 2100 年时海平面提升的高度也仅仅是 1 米的极小一部分（278.4 毫米）。我认为这些专家们低估了极地冰盖融化所能造成的影响，并没有考虑到极地冰盖融化的影响日益加剧所导致的加速度。美国航空航天局专家杰伊·齐瓦利估算了从 1992 年起融化的冰川的数量，发现到 2001 年为止每年地球冰川融化的数量是 38 兆吨。而 2004—2007 年间格陵兰岛地表冰川融化数量从每年 7 兆吨一跃升至每年 177 兆吨（齐瓦利和乔文内托，2011；齐瓦利等人，2011）。在 2013 年，格陵兰岛冰川的融化数量是 200 兆吨，全部冰川的消失总量在 300 兆吨。从 2001 年的 38 兆吨到 2013 年的 300 兆吨的数据飞跃显然无法让人安心。

肯·卡德拉（斯坦福大学卡内基学院全球生态系）曾为我指出一个奇怪的不对称现象。过去当地球变冷时气温每下降 1℃海平面下降 20~40 米，当气温升高时，气温每升高 1℃海平面只上升 14 米左右。运用简单的算数计算可知，假设 2100 年地球升温 6℃，海平面将上升 84 米；就算是用保守的升温估算，2100 年温度只升高 2℃的话海平面也要升高 28 米。不过别忘了我们无法用机械化的方式加速事物发展的进程。人类正以前所未有的速率向世界排放二氧化碳，因此任何预测都没有完美先例，其中也包括我个人的“激进派”预测。自然需要花上一个世纪以上的时间把海平面提高 1 米，也许我们无法在一个世纪里完成大自然需要花上 1200 年才能做到的事。

西部南极洲冰川有一个“断层结构”，实际上它是由几座不同的冰川构成的：思韦茨冰川是最接近大海的，它阻止了其他 4 座更靠内陆的冰川滑向大海。当它开始移动，只有一座大山丘或几座高山才能够阻挡住其他冰川，而来自卫星雷达的观测表明在那里并没有类似这样的地貌结构（埃里克·利格诺特等，2014）。遗憾的是，由于一个和全球变暖无关的因素，思韦茨冰川已经在遭受着无可逆转的倾落：海洋深处的暖流上涌至海水表面，在过去几十年来，这一循环在环绕南极的强风作用下进一步加强。如果五大冰川全部断裂流入海洋，就算是气温稳定在目前数值也无法阻止海平面上升 1.2 米了。

如果我们能够消除全球变暖的影响——这可能需要几个世纪，人类也就能有时间来适应变化。然而 2100 年我们面临（海平面）猛烈上升的可能性却很大。我们需要 15 年的时间来收集充分的数据以证实海平面是否在加速提升，不过我相信我们能够做到。我预计在 2100 年海平面至少要提升 1.5 米，它所造成的影响绝对不能忽视。很多美国城市都会面临危机：新奥尔良（88% 将会被淹没）；加尔维斯顿（68%）、大西洋城（62%）、圣彼得堡（32%）、剑桥所在的马萨诸塞州（26%）、泽西城（20%）、查尔斯顿（19%）、坦帕（18%）；威尔明顿、塔科马、萨瓦那、诺福克、纽约以及旧金山（6%~11%）；萨克拉门托、莫比尔、西雅图、波特兰（缅因州）和波特兰（俄勒冈州）（3%~4%）；华盛顿特区、纽瓦克、费城和普罗维登斯（1%~2%）。

关于海洋冰

正如我们已经看到的，比起地面冰川来说，人类对海洋冰川的兴趣要小得多，然而它的影响还是值得考虑，因为有一些怀疑论者会把它们引为得意的理由。海洋冰川在北冰洋并没有坚实的支撑，自从 1979 年人类开始从太空持续观测以来，冰川就在以每 10 年 4% 的速率脱落，即便由于特殊的条件因素数字常有变化。比如，2013 年覆盖北冰洋的冰川面积是自 1979 年起的倒数第六，仍远远高于 2012 年跌破纪录的最小值。年复一年，覆盖北冰洋的冰川面积都是由风（可以把冰吹散，也可以让冰合拢）、一定的气候条件（夏天的暴风雨把冰打碎，让它们消失得更快）以及北冰洋上空云层的厚度决定的。

然而从 1985 年起，南极洲地区的气候条件有了很大变化，那里的海洋冰川以每 10 年 1.9% 的速度增长。看起来像是全球变冷的一个结果，实际上成因完全相反，即造成了西部南极洲冰川融化的全球变暖。冰川融化为淡水，淡水汇入大洋咸水后形成了新的混合水流（所含淡水比例远高于咸水），这种水流非常容易结冰（张，2007）。此外，环绕着南极的南极绕极流也扮演了一个重要的角色：南极绕极流的寒流阻止了其他海洋暖流接近南极大陆。最后，人类如今往大气排放的臭氧变少，由于种种复杂成因，这一情况令环绕南极的风速加快（吉列、汤普森，2003；汤普森、所罗门，2002；特纳等，2009）。有人认为风把冰从岸边吹离，使得部分水面始终暴露，在冬季就更容易结冰。

预计全球变暖对南冰洋[①]海洋冰川的负面影响在不远的将来依然会持续。那些专注于海洋冰川，将注意力从地面冰川的消失上转移开来的人，还会继续低估全球变暖的后果。

人类对 CO_2 有何贡献

自然界每年会释放大量碳。为什么人类的微不足道的贡献会造成那么大的不同呢？表 1 展示了 1999 年世界碳排放的情况（土壤碳中心，2011）。

① 南冰洋：我国一般称为南大洋或南极海，是围绕南极洲的海洋，也是世界上唯一完全环绕地球却未被大陆分割的大洋。南冰洋是南纬 50° 以南的印度洋、大西洋和南纬 55°~62° 间的太平洋的海域。在 2000 年被国际水文地理组织确定为一个独立大洋，我国尚未正式承认这一称谓。——译者注

表 1　年度大气 CO_2 排放量与碳排放增加量对比及成因

原因	大气碳排放（兆吨 / 年）	大气碳支出（兆吨 / 年）
土壤有机质的氧化 / 侵蚀作用	61~62	
生物圈有机体的呼吸作用	50	
人类森林砍伐	2	
人类的化石燃料燃烧	4~5	
生物圈光合作用的总和		（110）
海洋扩散		（2.5）
净值	117~119	（112.5）
每年大气碳排放净增加值	+4.5~6.5	

由于以下不同原因，图表结果很有启迪性：

（1）每年人类对大气碳排放量的影响其实非常小。森林砍伐以及化石燃料消耗造成的排放量为 6~7 兆吨，仅占总量 117~119 兆吨的 5.5%。

（2）然而我们需要注意的是，人类的碳排放量（6~7 兆吨）与大气碳含量增加总量（4.5~6.5 兆吨）和海洋碳扩散量（2.5 兆吨）之和是多么的接近。二者相差大约 1.5 兆吨，我们终究需要对土壤侵蚀负责。

（3）即便我们专注于研究大气碳含量如何提高气温，我还是想提醒大家别忘了海洋，不断增长的碳含量也会对海洋造成影响。

最后，人类所造成的影响之所以会有如此显著的区别，是因为大自然每年的产出和消耗都保持着相当不错的平衡，至少计算海洋吸收的碳含量时是这样（见方框 2）。

方框 2

由于一些显著的因素，我们注意到表 1 列出的是大气中碳排放的数据。通常我们讨论的是“碳排放”而非“大气 CO_2 排放量”，这样的用词更恰当，因为人们燃烧碳时，碳会以二氧化碳的形式上升进入大气。一个碳原子键合两个氧原子，每个氧原子都比碳原子要重。这样一来，将碳原子的数量 1 和氧原子的 2.67 结合，我们得到了一个简单的方程式：将上兆吨的碳排放量乘以 3.67，可以得出相应兆吨的 CO_2 排放量。

来做个清算

我们学到了什么？我们，只有我们，才要对 2100 年大气 CO_2 含量将上升至 1000 ppm 的趋势及随之而来的气温上升负责。不仅如此，现在还能看到我们的行为导致的其他一系列影响。表 1 给我们展示的是某一特定年份的数据快照。这一快照显示土壤中所含碳被氧化，并增加了大气碳含量。地球土壤的一部分由永久冻土构成，永久冻土中储存了数量巨大的碳，这一点至关重要：假设随着时间的推移，CO_2 含量增加，气温升高，永久冻土会开始解冻，所有存储在永久冻土中的碳都会加入到我们的化石燃料排放中，进入大气和海洋。

有人认为海平面上升将是我们所要面对的主要问题，然而别忘记，吸收了过量的碳的海洋会进一步酸化，而这会干扰到食物链。根据预测，地球人口将会增长到至少 100 亿人，在有更多人要喂养的情况下，人类需要更多的食物，而不是更少。

永久冻土的融化

让我们一个接着一个地审视全球变暖带来的进一步结果，就从永久冻土开始吧。永久冻土是指冻结状态持续两年以上的地下土，这里谈到的大部分永久冻土都保持了长时间的冻结状态。比如，泥沼蕴含着大量其他动植物分解后产生的碳，但是由于它们被冻结着，所以不会分解，这就好像被保存在冰箱里一样。但是如果永久冻土解冻，这些有机物质就会受到微生物的攻击，将蕴藏的碳释放到大气中。

具有高碳含量的永久冻土主要集中在自阿拉斯加北部延伸至加拿大、格陵兰岛、俄罗斯北部及整个西伯利亚的地带。预计其中含有 1672 兆吨碳。如果所有这些碳都转化为大气 CO_2，那么大气 CO_2 含量可能会增加 804 ppm（1672 ÷ 2.08=804 ppm：关于这一转换的解释请参看第 32 页的方框 1）。不过我感觉这一数据不该算入对 2100 年的预计之中，因为当我（或其他人）预计气温会增加 6℃时，永久冻土融化的影响已经被考虑在内了。我在这里强调这一影响只是为了表示，随着气温的上升，我们所使用的化石燃料还会得到有力的援军支持，进一步导致大气 CO_2 含量的增加。

永久冻土的碳释放量增长速度主要取决于人类研究得出的气温升温速度。爱德华·舒尔等（2008）认为永久冻土会开始逐渐融化，等到了 2100 年它的碳释放量只有 62 兆吨（仅占存储量的 4%）。在舒尔的预想中对严重后果（比如海平面的上升）的预估发生时间比较谨慎：大约 74% 的碳存储将在 2300—2400 年前后被发现。

凯文·谢菲尔等（2011）提出了一个不那么保守的比例：冰冻在永久冻土层的碳，大约有 29%~59% 可能会在 2200 年被释放。谢菲尔同时还提到了一个离现在不到 20 年时间的“无法回头的点”，一旦过了这个“无法回头的点”，全部永久冻土的解冻就将无可逆转。其他人谈论的“无法回头的点”所表达的意思是，一旦气温值达到了某一数值，永久冻土融化所带来的碳释放将会增加大气碳排放量，这一碳排放量同其他来源的碳排放合并将会促成新一轮升温，不管是哪一种都不会低于我们现在的碳排放水平。这意味着在某一节点之后，全球变暖将成为一个自动进程。今后我们将会更加留意这个“无法回头的点”。针对这一节点到来的具体年份还有争议，我个人想将它拖后一点儿——延缓这个时期的到来——从谢菲尔预测的 2030 年（离现在不到 20 年的时间）延后至 2050 年，以便于获得人们最大程度的认可。

海洋的酸化

大气和海洋以令人担心的方式进行着碳交换。在空气和水交汇的地方，二氧化碳溶解于海水中形成碳酸，它的浓度越高，海水的酸性就越强。

然而海水也会为大气释放二氧化碳。从微观植物（浮游植物）到大型海洋动物，有机体通过呼吸作用将二氧化碳还给大气。构成浮游植物的一部分有机体沉入海底，细菌将其残骸转化为二氧化碳。洋流将这些深海水带到海面并将二氧化碳释放到大气中，就好像烟从烟囱里冒出来一样。

在工业革命之前，海水释放到大气中的二氧化碳或多或少等于海水吸收的二氧化碳量。如今我们释放到大气中的二氧化碳的浓度增加得如此之快，以至于海洋从大气中吸收了远超过它释放能力的碳。随着海洋酸化程度越来越严重，越来越多的碳酸钙不断流失，恐怕将影响到食物链。很多有机体都需要碳酸钙来构成自己的壳或骨架，现在围绕着海洋酸化是否造成了太平洋北部地区牡蛎数量锐减正进行着激烈的争论。

拉蒙特-多尔蒂地球观测所的巴贝尔・霍尼希（2012）发表了由 21 名研究员收集的调查结果。距今约 5600 万年前，历史上有过一段长达 5000 年的暖期，这是已知历史中和目前情况最为相似的一段时期。在那时，极其剧烈的火山活动不同寻常地频繁向大气中排放大量 CO_2。在那 5000 年间，大气 CO_2 浓度翻倍，海洋因化学反应酸性剧增。通过观察海底沉积泥，研究人员们证实，大量珊瑚和单细胞有机体在同时期灭绝：这间接证明这条食物链上的更大型的动植物也都相应灭绝了。

自 1850 年起，不光是火山，就连人类也开始向大气中排放 CO_2。预计到 2100 年海洋酸性会提高到和我们挑选的那 5000 年间的实验样本同样的程度。如果某些有机体花 5000 年的时间都难以适应环境的改变，那么它们将更难在短短 250 年内就适应这种改变。在一个实验中，酸性被提高到了类似的浓度水平，结果一种温带蛇尾物种的每千只的幼体存活率不足 1‰（杜邦等，2008）。

詹姆斯・奥尔及其同事（2005）曾预言大约 2050 年时，

南极洲和北冰洋的广大海洋的腐蚀性将强得足以溶解部分海洋有机体的壳。格雷琴·霍夫曼等研究者（2010）已经证实海洋酸化将会对任何生态系统的有机体都构成一系列的挑战：无论是低纬热带、高纬寒带，还是海洋、海底，或是海陆交接的地方。热带珊瑚礁地区和北极海域可能会是首批遭到破坏性影响的海洋环境。然而约翰·潘多尔菲等研究者（2011）谨慎补充表示：珊瑚礁可能会比一些人认为的更快适应快速酸化的环境。不过大家都同意这一论点——大幅减少二氧化碳的排放量将会为珊瑚礁提供更大的幸存机会。

得与失

也许有些人能从气温上升中获益，然而更多人会因此遭到打击，这一点显而易见。在过去，世界上大部分人口都是以海平面高度以及赖以为生的农业生存可能性为基础分布的。现代社会凭借着食品进出口贸易改变了这种情况，然而不发达人口地区或刚发展起来的人口地区是非常脆弱的。

英国气象局（UKMO）哈德利气候预测和研究中心（Hadley Centre for Climate Prediction and Research）曾在2011年12月发表一份涵盖了24个相关国家的获益者和受损者的最佳报告。尽管这份报告忽略了大部分小国（比如新西兰），但仍不失为一个好样本。这份报告可以在气象局网站[1]上查询到，我会将这一设想称为 A1B，假设不减少碳排放的话，大气 CO_2 含量在 2100 年就将达到 740 ppm，这一预测是最为接近我所预想的 1000 ppm 的。这从另一方面证明了很多作者的预测是太过保守了（比如很多人认为世界人口最大值将会接近 90 亿，而如今预测值的趋势是 100 亿）。劳伦斯·史密斯（2010）补充了一些特别有趣的细节。

提及占有不适用于农耕土地比例的国家，据 2011 年的报告显示，西班牙（99%）、澳大利亚（97%）、土耳其（97%）以及南非（92%）都在这不令人羡慕的排行榜上名列前茅。而在巴西、中国、印度、美国以及埃及的一些地区，食品生产能力将大幅削减。而饮用水的减少（干旱）有可能导致争夺水资源的战争。实际上，整个埃及的人口都将受到水资源匮乏的影响。而比起那些计划在尼罗河抵达阿斯旺大坝上游前就把水排干的国家，即埃塞尔比亚和乌干达，埃及的军事化程度要更高。同样地，叙利亚和伊拉克也对土耳其想在底格里斯河及幼发拉底河流入其国

① 参见网址：http://www.metoffice.gov.uk/climate-guide/science/uk/obs-projections-impacts。也可以从麦卡锡 2011 年发表的文章中查询；关于意大利部分的报告可参见网址：http://www.metoffice.gov.uk/media/pdf/8/s/Italy.pdf（查该网址已失效，此为新网址：https://www.metoffice.gov.uk/binaries/content/assets/mohippo/pdf/science/climate/italy.pdf；关于中国部分的报告可参见网址：https://www.metoffice.gov.uk/binaries/content/assets/mohippo/pdf/science/climate/china.compressed.pdf。——译者注）

境前就最大化开采河流系统资源的计划有强烈的不满。

各国将如何适应这种变化发展部分取决于他们的富庶程度。比如美国能够进口大量农产品，还可以通过减少出口资源和削减动物饲料资源来使农业适应人类需求。相反，如今印度已经出现了地下水大量枯竭地区的农民自杀情况。农民们的生计全都依赖于收成换来的收入，如果收成不好，他们就再没有任何指望了。

2011 年的报告显示，英国将会（从全球变暖）得到好处：96% 的土地将会更适合农业耕作，而法国人将会失去净达 51% 土地的事实会让英国人更加满意。在土地问题上，德国人将会获益 71%，加拿大为 61%，秘鲁为 60%，俄罗斯为 40%。斯堪的纳维亚半岛的北欧国家将会看到高达 30% 的小麦生产增幅以及 50% 的玉米生长增幅。以上国家中，能获得最好结果的无疑要数加拿大。展望 2050 年，如果加拿大懂得利用它对移民的不断增加的吸引力，那么该国持续增长的人口将会为发达世界提供一个追随的榜样。

夏威夷大学的生物地理学家卡米罗·莫拉等研究者（2013）专注于植物和动物的幸存，引入了气候漂变（dervia climatica）的概念。气温上升有可能会带来某些全新的事物：在某一特定时间日期之后，最冷年份也将要比上个世纪最热的年份更热。莫拉领导的研究人员们将这一气候漂变在纽约的开始日期确定为 2047 年；从那时起，每一年都会比该城市在 1860—2005 年间所经历过的最热年份更热。莫拉认为我们已经越过了“无法回头的点”，也就是说，即便明天我们就能成功地稳定二氧化碳的排放量，我们也只能让纽约发生气候漂变的日期向后推迟一些而已：不是开始于预测的 2047 年，而是最多推迟到 2067 年。

纽约代表着地球整体，然而热带地区的气候漂变有可能从 2020 年就开始。不幸的是，热带是绝大部分陆地物种的家园，而这些物种在面对气候变化时尤其脆弱。在文章中，莫拉找出了生物多样性的“热点”，确定其将在地球物种最丰富地区的 10% 区域内出现，并计算出此处发生的气候漂变将对总数为 13 种的不同的海洋有机体（鸟类、头足类动物、珊瑚、哺乳动物、红树林、鱼类、爬行动物、藻类）以及陆地有机体（两栖类、鸟类、哺乳动物、爬行动物和植物）产生影响。正如莫拉所说，这些物种要么迁徙去气候更凉爽的地区，要么让自己适应更炎热的气候环境，要么灭绝。在莫拉看来，人类也会面临同样的情况，不过人类还要面对政治边境的障碍：绝望的墨西哥人无法自由向北方迁移“以逃离自己生活的干旱地区”。莫拉并不否认稳定碳排放的重要性：一个物种有越多的时间来适应环境，就有越大的可能成功做到这一点。

莫拉等研究者（2013）没有详细说明他们气温模型所预测的气温上升幅度，不过她曾在一次采访中说过目前的趋势有可能会带来“甚至达到 7℃”的上升（奈，2013），这与牛津大学研究模型所预测的 2100 年气温上升 6℃的结果非常接近。艾德・霍金斯等研究者（2014）声称气候漂变的开始时间提出得太过确定，有可能会推迟。不过莫拉等研究者（2014）回应说数据及统计都是正确的，结论也经得起批评。像我这样的非专家应该把气候漂变的确切开始时间当作暂时性的估计，直到其他专家们能用数据确定出令人信服的时间。

然而在海平面升高的问题上，不会存在胜利者。美国的沿海城市所面临的将不仅仅只是威胁。到 2100 年，各地的情况都会变得更糟。小岛国们将会面临灭顶之灾，无怪乎马尔代夫前总统穆罕默德・纳希德曾是对抗气候变化的积极支持者。荷兰能否免于遭受海平面破坏性的变化要取决于 2100 年海平面所能达到的高度。到那时无论如何都会有其他 4900 万的人面临威胁，他们大部分将会集中在孟加拉、中国、埃及以及印度（在这里会有 1600 万人遭此影响）。有时候凶猛的洪水也会发生在远离海洋的内陆：大洪水会淹没整个印度直到喜马拉雅山附近，这有可能会导致 1 万人死亡，还有可能会造成 3 倍破坏力的灾难。以肯尼亚这样的人口比例，受害人数将会更大。

对开篇问题的回答

极地冰盖正在融化，尽管东部南极洲冰川及整个南冰洋海冰的暂时性增加引起了混乱。毫无疑问，人类排放要对下列问题负责：大气 CO_2 含量上升、全球气温变化、永久冻土融化、海洋酸化、干旱、食物稀缺。很多植物和动物物种将在 2047 年遭遇存亡危机。

题外篇　无法回头的点

2100 年的前景预测实在是相当悲观。海平面即便是上升到达我所假设的最低高度，也会迫使很多人迁徙到其他地方。像美国这样富裕的国家能解决这些迁移人口问题，还能够通过更有效的土地利用和进口来解决食品生产减少的问题。不过资源仍将面临严峻的考验。一些北半球的国家可以相对更容易撑过困境（尽管英国也许会发现它的食品生产并不太充裕）。日本的农业生产力增长必须要抵消渔业生产缩减的不足。一个像冰岛这样主要从事捕捞业的国家则有可能会失去它的主要出口业务。洪水、干旱以及食品生产减少可能会把印度击垮。而下列国家将因遭受至少一个此类灾害而损害惨重：孟加拉国、埃及、西班牙、澳大利亚、土耳其、南非及中东国家。部分地区（主要是在纬度更高的国家中）将产出更多的食物，然而现今大部分的主要小麦生产地区都将会陷入更加为难的处境。

尽管如今东非的饥荒灾害很可怕，但仅限于局部地区，然而等到 2100 年，非洲大陆的总人口将从 11 亿上升至 44 亿（占人类总人口的 37%）。一些小岛国将不复存在，而荷兰人将不得不同大海进行一场没有希望的搏斗。

不过，2100 年前景的预测画卷还是太过乐观了。到 2100 年，人类可能会发觉早在 50 年前（2050）就已经跨过了“无法回头的点”。众所周知，永久冻土中蕴藏着大量的碳，是设想中极为重要的一部分；当永久冻土解冻，积累的碳会伴随着化石燃料排放被释放到大气和海洋中。而随着冰川逐渐融化，所能反射的太阳能就越来越少。被看成一个整体的三个因素间的相互动力作用意味着，就算将来二氧化碳排放能被稳定在某一水平，整个进程也早已超出人类掌控的范围。全球气温上升到足够温度会加速永久冻土和冰川的融化，这又会导致气温再次大幅上升，如此周而复始。

当气候学家们使用“无法回头的点”这一表达方式的时候，他们指的正是字面意思。在经过某一特定年份之后，即便我们削减碳排放量也无法再阻止气温进一步升高，至少在几个世纪内都是如此。实际上，届时大气中会聚积大量的二氧化碳，气温、冻原融化和冰川消融之间的相互作用力会使我们的行动于事无补。

很多科学家都把这关键的年份确定在 2050 年，那一年大气 CO_2 浓度看似要达到 500 ppm。尽管不是所有的科学家都同意这一点，但是在本书的第二部分我们会看到悲观者们确实有他们的道理，我认为那些理由是有价值的。

这并不意味着大气 CO_2 浓度进一步上升（从 500 ppm 到 2100 年的 1000 ppm）就不会造成损害。正如我们将会看到的，每次我们减少从大气转移到海洋的碳含量都会获益良多。然而，显然人类正朝着 1000 ppm 的趋势发展，这将对冰川造成灾难性的影响。别忘了牛津大学的预测：就算将 2100 年大气 CO_2 浓度保持在稳定水平，2300 年三大极地冰盖还是会消失。牛津大学科学家们预测，2100 年时海平面上升 12 米的幅度将带来灾难性的后果；而其他科学家预测的 2300 年海平面将上升 70 米倒是不值得很担心了。

第二部分

该做些什么

第四章　阻止洪流进入

提问：

· 为什么道德和政治都不允许采取实际进展？

· 低碳化经济的前景如何？

现在到了就预想情况保卫自己的时候了：人类将促使大气 CO_2 浓度从 400 ppm 升至 500 ppm，随后再到 1000 ppm，这些数值足以使气温提高 6℃；到了大约 2100 年，这一气温会威胁到格陵兰岛冰川及西部南极洲冰川的存在；而到了 2300 年左右，会令全部冰川融化。

碳的功效和增长

在2010年，罗杰·皮尔克出版了一本精彩的书，名叫《气候治理：科学家和政治家们不会告诉你的有关全球变暖的事情》（*The Climate Fix. What Scientists and Politicians Won't Tell You About Global Warming*）。发展现状也许看起来很令人鼓舞，因为我们正在削减经济发展所需要的碳排放量。现在世界每生产100美元的商品和服务（世界GDP）的大气碳排放量越来越低。在1990至2010年间，碳排放率平均每年下降1.3%，而GDP却每年增长3.45%，很明显谁将能赢得这场比赛。除非我们能够让年均低碳率上升到3.33%，即现在的2.5倍，又或者把GDP增长速度放慢到至少1.32%，而这有可能导致全球经济萧条。

1990—2010年间，世界经济的碳消耗强度稳步下降，全球国内生产总值却翻了一倍，CO_2排放量因此从不足22兆吨跃升至33兆吨。了解发展走向的最佳方式就是预测到2100年时的趋势。然而需要计算第三个比率：人类的大气CO_2浓度排放量将会达到多少？这一点我们已经从图9（第30页）得知了，图表显示，从1965年起，大气碳浓度已经达到70 ppm，碳排放量增加了22兆吨，这一数量意味着3.182:1的增长率。

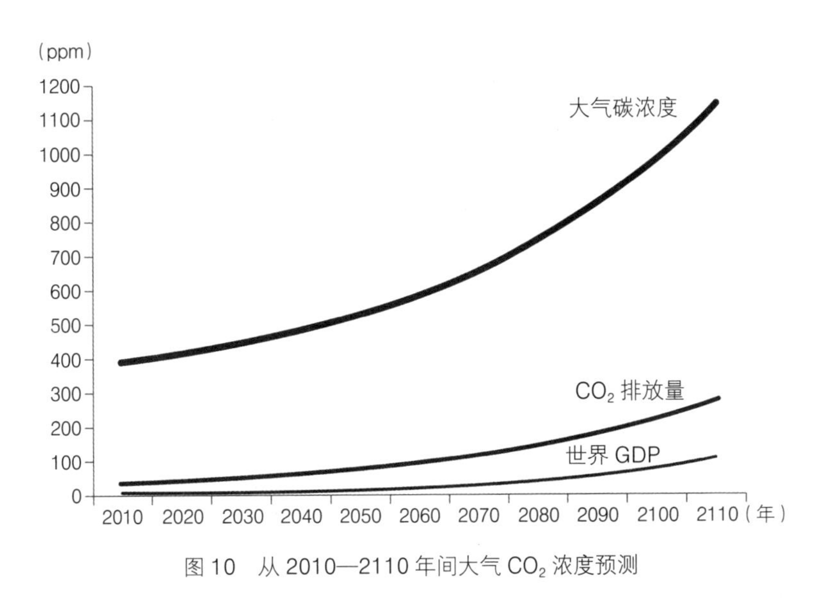

图 10　从 2010—2110 年间大气 CO_2 浓度预测

正如图 10 所示，2050 年，大气 CO_2 浓度将超过 500 ppm（也许就是“无法回头的点”），到 2100 年（再晚几个月）将达到 1000 ppm。表格底部的数据也许会让读者惊讶，但如果继续保持每年 3.45% 的增长，2110 年的全球 GDP 将至少比 2010 年多 30 倍。如果读者认为这一差距可能过大，别忘了至少有 57 个国家（还有其他一些我们没有得到数据的国家）的总人均收入即使乘以 30，所得到的平均收入可能还是会低于挪威、瑞士、澳大利亚、丹麦、瑞典和加拿大这样的国家。以下是部分国家和地区要追平最富裕国家所需要的乘数：

——印度 33 倍；

——巴基斯坦 40 倍；

——孟加拉国 60 倍；

——大部分非洲国家可能永远都无法接近这些 GDP 数字：有 15 个国家需要将现今 GDP 提升 100~200 倍，而其他 12 个国家需要提高 44~80 倍不等；

——东南亚地区 40~60 倍；

——吉尔吉斯斯坦 50 倍；

——塔吉克斯坦 58 倍；

——海地 66 倍；

——阿富汗 88 倍。

除非下个世纪经济仍持续增长，否则很难看出如何缓解贫困。表 2 最右列（并没有出现在对应图像曲线上）显示的数据同样令人担忧：即便维持住现有的经济低碳化比率，贫困现象还是会持续。这是基于我们将继续保持每年在每生产 100 美元商品或服务时减少 1.3% 碳排放量的假设。即便经济低碳化比率下降到每 100 美元 GDP 对应 2.56 吨的碳排放，我们还是要面对同样的后果，尽管相比现在每 100 美元 GDP 对应大约 9 吨的碳排放量，那已经是巨大的进步了。换句话说，除非能找到一种接近完全清洁的能源，否则是无法维持增速的。

表 2　从 2010—2110 年间大气 CO_2 浓度预测

年份	CO_2 排放量（10 亿吨）	大气碳浓度（CO_2 的 ppm）	世界 GDP（以 1990 年的 100 亿美元为单位）	效率（每 100 美元 GDP 排放的碳吨数）
2010	33.02	390.00	3.58	9.22
2020	40.76	414.63	5.02	8.12
2030	50.34	445.11	7.05	7.14
2040	63.26	486.22	9.90	6.39
2050	76.76	529.18	13.88	5.53
2060	94.80	586.58	19.49	4.87
2070	117.08	657.48	27.36	4.29
2080	144.59	745.02	38.47	3.77
2090	178.57	853.14	53.99	3.32
2100	220.53	986.66	75.83	2.91
2110	272.36	1144.40	106.50	2.56

皮尔克与《京都议定书》

京都会议结束时，各国制定了削减温室气体排放的目标。从措辞来看，这些目标都得到了严肃对待。而从理论转到行动，现实就非常不一样了。罗杰·皮尔克（2010）展示了各国要实现目标需要真正采取的行动。

澳大利亚于2007年制定了2050年比2000年减排40%温室气体的目标。要想信守这一承诺，就必须用57座核能源设施或其他零碳能源取代所有的耗碳能源。不过民意不大可能会同意建造哪怕仅一座核能设施。

2008年，英国制定了比1990年减少20%温室气体排放的时间表。英国的优势在于工业在经济中所占的重要性越来越低。尽管如此，英国也必须在2015年用40座新核能设施来取代全部煤炭和天然气能源，而全部电力生产必须在2030年实现低碳化。

日本在2009年确定了2020年将比1990年减少75%温室气体排放量的目标。要想达到这一目标，就必须：增加15座比现有核电站效率更高的核电站；开发更多的热核能源；增加55%的太阳能；对几乎全部新汽车使用混合动力或电力驱动；对所有住宅（无论新旧）采用隔热措施。2009年，日本30%的电力来自核电站。而现在，很大程度由于2011年的海啸以及福岛核电站核反应堆堆芯过热，日本面临全面放弃核能源的局面。放射性的后果以及清除乏核燃料的难度不可逆转地引起了公众的警觉。

为了确保安全，日本的50个原子能设施都已被全部关闭并进行安全检查，而政府仍踌躇于制定任何节能目标。现在问题变得像一场足球比赛：日本前首相小泉纯一郎表示日本必须立即除掉核能，而需要承担责任的则是现任首相安倍晋三。至于今后，排除福岛这样的大灾难，小泉还坚持强调了清除乏核燃料的问题。在日本目前停滞不前的经济状况下，这一争议显得尤为瞩目。政治精英们认为不能将国家经济增长置于危险处境之中：需要3000亿美金（占GDP的5.26%）才能弥补海啸造成的破坏。

福岛事件引发的沉重忧虑也蔓延到了欧洲。2011年5月30日，德国宣布将在2022年之前逐步清除全部核反应堆，这是现代社会发生得最为突然的政策变化之一。目前德国主要依靠煤炭能源，而这无疑是能源中最肮脏的一种。很多环境保护主义者相信煤炭能弥补摒弃核能的缺口，而后果就是向大气中排放更多的二氧化碳。鉴于电力生产成本将大幅上升的预测，工业部门正感到恐慌。不过德国总理默克尔表示："相信我们国家能够开启一个可再生能源的新时代。"让我们拭目以待。

2009年，美国国会制定了到2020年碳排放比2005年减少83%的目标。为了实现这一目标，美国有以下选择：新建300座核设施或20万座风能设施，用天然气取代所有的煤炭能源，或找到一条包含了上述所有方法的可接受方案。

中国是世界上最大的煤炭消费国，为了促进经济增长，到2020年为止中国还要再兴建360座大型炭能发电设施。然而，中国也担心其境内的空气污染，在那之后会放松一点对经济增长的迫切追求。不用说，巴西、墨西哥以及其他193个国家也都重视各自的经济增长。

皮尔克总结了2010年的总体情况后指出，要想达到比1990年排放规模削减50%的目标，全世界需要200万座太阳能热能发电设施，或800万座风能发电设施，又或者12000座核电厂（2010年共有430座核电设施在运转），或者这3种设施的任意组合。需要指出的是，每淘汰一座核电站，就要投入227座太阳能发电站或者904座风能发电设施。相比4年前，如今的情况有所恶化。我认为《京都议定书》制定的减排“目标”会变得越来越没有意义，而逐渐成为激烈争论的主题。

会有人相信世界各国在政治上真的愿意实现减排目标，甚至说想回到田园诗般的过去吗？没有任何一国的领导人会冒着下次竞选失败的危险，承诺削减增长、降低人民的生活水平。在美国，也许一个民主党人会遇到一个曾否定全球气候变化论的共和党人，然而这并不只是一个涉及美国民主党人的问题，现在没有什么极权主权（或者只有极少数）能将它的人民与现代社会相隔离。如今，数百万的中国农民们知道城市居民的生活要远远比他们的优越，试问：有哪个政治领袖能冒着火上浇油的危险告诉这些乡镇贫民必须放缓发展进程？发展中国家极有可能将继续使用煤炭，因为它们（包括中国）更容易得到煤炭资源而非石油或天然气。放弃煤炭改用石油或者天然气将为他们增加难以负担的能源成本。

经济规模削减

研究替代方案无疑是正确的。毫无疑问，强制将世界生产量限制在与排放量相适应且能保证世界人民获得合理生活水平的范围是正确的解决方案。为公平起见，发达国家应该将产量减至基本水平，而贫困国家应增强其生产能力直到追上前者。这一假设需要以一定的利他主义为前提，而任何发达国家都不具备这一条件。这并不是说它们对第三世界的发展充满敌意——有些发达国家甚至会为发展中国家提供发展资金（即便它们并没有打算放弃从中获得商业利益）——然而看好别国经济发展与打算让自己的国家负增长还是相去甚远。

为了让方案更容易被接受，有经济模型显示美国可以在降低生产能力水平的同时维持充分就业率（比如通过采用一周工作30个小时的方式让更多的人分享同一份工作），采用更公平的收入分配方式（如累进税率）降低富人收入、增加穷人收入。在我整个人生中我都认为美国在经济繁荣增长期间应该采用更加公平的收入分配方式，然而事实却并非如此。而要想在经济繁荣衰退时期实施类似的计划就更加困难了。附带提一句，没有任何经济模型显示，我们如何能够在不经受巨大动荡的情况下，从现在的经济形势过渡到明天理想的经济形势（因为美国人已经习惯于去思考，在逐步削减了需求之后，要如何处理多余的产品和服务）。还有如何强制执行的问题：假设必须禁止一周做两份30个小时的工作，就像禁止重婚那样。

无论如何，就算存在理想的经济形势，随着世界人口增长，生产力不管怎样也得随之增加。再次强调，控制世界人口是一个精神上有价值的目标，然而关键是如何实现它。当我为了这本书做研究的时候，世界人口预测从95亿人增加到了100亿人。最大的问题在非洲，据预测显示，这个最贫穷的大陆，到2100年人口有可能会从10亿增加到40亿。无论通过教育还是强制性的手段都无法扼制贫困人口增长。控制人口可以通过消除贫困和启发中产阶级父母个人意愿的方式来进行，比如提高他们采取避孕手段的意愿（就像在欧洲发生的那样）。只有增长才能限制人口，为了抑制增长而限制人口有可能会导致事与愿违。

经济低碳化

史蒂文·戴维斯、曹龙、肯·卡德拉、马丁·霍夫福特（2013）这4位最优秀的气候学科学家们劝告我们面对现实，并提出了4

点建议：

（1）就算我们维持甚至减少目前的碳排放量，还是会在 2050 年达到“无法回头的点”（大气 CO_2 浓度达到 500 ppm，气温有可能上升 2℃）。

（2）要想一下子就止住势头，我们得将碳排放量减少到几乎为 0 的程度。

（3）不存在能在接下来 50 年中实现这一目标的经济低碳化方式。

（4）被称为“无法回头的点”的原因在于，一旦越过这一点，地球将在数百年内保持高温。

这一论点坚不可摧且无懈可击。首先大气 CO_2 能够长期存在，而已经积聚在大气中的二氧化碳将会被海洋“吞噬”，这一过程需要至少 200 年的时间。即便立刻将碳排放降低 20%、50% 甚至 80%，在接下来 50 年里情况也不会有什么大的变化，等到 2050 年全部积聚量仍足以令气温升高。实际上，在将煤炭等肮脏技术转化为更清洁的技术时，为新技术建造和安装基础设施反而会导致碳排放量上升。

其次，技术的内在局限性使其无法更接近零排放的目标。“碳捕集与封存技术（carbon capture and storage，简称‘CCS’）尚未在任何能源生产设施中投入商业应用，现有核工业设施都是基于核反应项目的考虑建造在半个多世纪之前，尚处在收缩期而不是扩张期；而现有的太阳能、风能和生物能发电系统以及能源存储系统还并不成熟，无法可靠地提供能源（戴维斯等，2013）。”

第三，每一种以能源需求降低作为 CO_2 排放量降低的条件的假设都是不现实的。

第四，也许这是最令人担忧的一点，不管 2050 年之后我们如何对排放进行限制，地球可能都已经稳定在新的气温水平，气温高到足够导致人类所担心的后果的程度。这就好像一个已经被调节到更高温度的恒温器，需要花上 12000 年的时间才能令温度再重新下降哪怕仅仅 1℃（戴维斯等，2013）。

经济的自我毁灭

当我预测从现在至 2100 年的情况，并试图找出和 1950 年后的情况相似的排放方式时，有一种假设似乎在暗示经济增长可以维持在每年 3.45% 的水平。然而考虑到人类消耗地球资源的速度，真的会有这种可能吗？或者早在 2100 年到来之前能源稀缺就会降低生产能力吗？

英国石油公司（British Petroleum）2011 年关于能源的研究报告预测，世界石油资源储备能持续到 2056 年，甲烷的储备能持续到 2069 年，煤炭的储备能够持续到 2128 年。不过如果经济持续增长，对化石燃料的需求就将会逐年增加。如果将这一增长因素考虑进预测（假设在用更清洁能源代替化石燃料方面会有一些进展），相应的数据就会变成 2049 年、2051 年和 2077 年。然而我相信石油矿枯竭的年份能够被实际推迟到 2100 年甚至更晚。实际上第一个数据并没有考虑到发现新矿藏的情况（直到不久之前伊朗的储量还曾一度被低估），而更重要的是没有考虑到页岩油（shale oil）或者油页岩（oil shale）的存在。页岩油是指困在岩石中无法自然流动的高质量原油。为了获得这一原料，必须面对在岩石中进行定向开挖、水力压裂（fracking）以及高压化学添加剂的额外花费。这一方法从环境角度来说绝不代表着进步：它带来了污染含水层、形成地表化学物质沉积物以及威胁空气质量的问题。以石油的目前价格来说，提取所需要的额外成本在商业上完全可以承受。在美国北达科他州，页岩油的储量巨大，其生产力已经从 2005 年的每日 10 万桶增加至 2012 年的每日 55 万桶。为了说明这一矿藏的丰富，只需要说美国 20 个大页岩油矿田所蕴含的石油储量比整个沙特阿拉伯还要多就够了。

油页岩不同于页岩油，它是一种富含在岩石（任何类型的岩石，不必非得是页岩）中的有机物质。利用钻井钻到含有石油的岩石（如 300 米深度），通过钢缆给油页岩区域加热，3 年后成熟的有机物质变成石油，就能被抽取到地表了。据估计，以色列唯一的一座油页岩矿就比沙特阿拉伯的常规储量含有更多的石油。普希克·科赫查和詹姆斯·汉森（2008）主张有必要征收碳税，“以便打消将大型化石资源转化为可用储备的意愿，并保持 CO_2 浓度低于 450 ppm 的限度”。我怀疑能否通过征碳税来保存石油，不过只要地下的石油没有全部用完，它就将继续影响全球变暖。我不认为政府会为了限制使用天然气而对其征税，正如我不相信他们会只为了鼓励低碳化就放弃经济增长一样。

应对石油短缺的主要方式可能就是生产更多的煤炭。在这种情况下，也许煤炭储量早在预计中的 2077 年到来之前就会枯竭？最近两年的趋向已经迫使英国石油公司将预计枯竭的时间提前了 7 年。不过没有哪个预测考虑到了南极的广阔煤炭矿藏及其沿岸一带的天然气资源。随着石油开采成本的上涨，煤炭储备变得越来越经济，正如在京都会议上所发生的那样，在资源稀缺情况下，最有可能引起重新谈判的就是能够保护它们的《南极条约》。这是一个古怪的讽刺，全球变暖最终将会导致对阿拉斯加煤炭矿藏的开采。

总之，就算石油和煤炭储备可能会像英国石油公司预测的那样在不到 2100 年时耗尽。不过直到 2050 年跨过“无法回头的点”之前，二者可能都会保持较高的产量，而在那之后世界经济有可能会崩溃。这不仅不会阻止全球变暖，反而会让我们的不幸雪上加霜。无须多言，我们需要的正是看似不可能的东西：在不久的将来获得完全低碳的新能源、在 CO_2 发挥其全面影响之前能阻止现在气温上升的方案。在下一章节我会试着证明这看似不可能其实是可能实现的。

在能源枯竭的问题上还有其他的候选项。锌、铁矿石和铝土矿（用于铝生产）都没有直接的问题。由于几乎处于垄断的位置，中国对稀土可以拥有定价权，然而在格陵兰发现的矿藏可以结束这一切。磷酸盐矿将在本世纪末耗尽，然而这是一件好事，因为以磷酸盐为主要成分的肥料会污染水体，众所周知，现在已经有了更好的替代产品。

最主要的问题是水资源短缺。无论是农业还是其他制造业生产都需要水，为了炼制 1 升石油需要的水将近 50 升。问题不在于从我们星球水体总量所消耗的用水量，而在于水资源全球分布不均。有超过 20 亿的人口生活在水资源匮乏的地区（而由于气候的变化，其他人也很快会面临同样的状况）。事实上，从海水中提取淡水资源有很好的前景。有一个名为“净水芯片（water chip）”的模型，它能通过利用微小电磁场的方式来清除水中的盐分（阿南德、塔拉雷克、克鲁克斯，2013）。这似乎能够有效地利用能源并大规模地提供淡水。但我猜想这一技术更有可能服务于富人而非穷人，因为后者恐怕难以承担这个费用，而且很多贫困国家并没有沿海地带。

核能源

鉴于它们各自的局限性，这可能看起来会很奇怪——居然有人会评估核能、天然气以及碳捕集和封存技术的问题。然而这些议题得到很多人支持，是需要听取的。有人认为核电站应该出售给公众，这一想法看起来令人畏惧。核电站能够将水（H_2O）分解成氢和氧，产生无碳的氢能，然而却需要柴油来提取、分隔、加工铀矿石，也需要能源来建造设施和拆除设施。究竟需要多少肮脏能源目前尚在争论之中。马丁·赛沃尔（2005）认为在核电站项目中的非核能投资占不到其生产电量的1%。

然而核电站的危险性却难以预计。不少团体声称，与其他形式的能源相比，核能单位能量所导致的死亡比率要低得多。这也许是对的，但我们无法确定。切尔诺贝利核电站将污染物扩散到全世界，而我们却无法分辨致死的原因究竟是污染物还是其他因素。大部分安全措施也许能够预防事故的发生，然而由灾难性海啸引起的福岛热核电站内核反应堆内核融化的后果已经证明，不是所有的不测都能预防。

另一个是关于如何应对放射性废物的处理成本过高的问题：毕竟乏燃料棒的放射性危险影响长达成千上万年。现今最佳的解决方案似乎就是将其存储到地下深处——一个既没有多少地下水层也没有太多地质活动（只要3000年中发生一次地震就可能会把埋藏的污染物扩散到环境中）的地方。美国把这个地点选在内华达州尤卡山，这座山位于断层线和几座火山的附近。然而科学家们声称断层看来很稳定，火山在接下来的 10000 年中也不大可能会喷发。在经历了强烈反对之后，美国国会于 2011 年 4 月 11 日终止了这一计划。

能够找到的解决办法就是再次处理废物。理论上废核燃料中留下的铀和钚的 95% 都可以转化为新的混合燃料氧化物。不过这一解决方案需要一个能够使用液体钠为制冷剂的快中子增殖反应堆。

国际裂变材料专家委员会（International Panel on Fissile Materials，简称“IPFM”）成员弗兰克·冯·希佩尔（2010）提供了一份很好的评估。在第二次世界大战期间科学家们就已经提出了建造一个快中子增殖反应堆的可能性。1956 年美国海军上将海曼·里科弗得出结论，液态钠冷却反应堆“造价昂贵，操作复杂，哪怕因为微小的故障损坏也会令其长期中断运转，维修费用通常非常昂贵，所需时间不菲”。液态钠具有高度的易燃性和爆炸性。在 1980—1997 年之间，俄罗斯的液态钠冷却式快中子增殖反应堆 BN-600 有 27 次钠泄漏，其中 14 次导致钠燃烧。1995 年，日本的原型机出现钠泄漏，引起了一场大火。法国和英国的 5 台快中子增殖反应堆都出现过明显的钠泄漏，其中一些引起了严重的火灾。问题的关键在于难以对沉浸在钠中的反应器硬件进行维护和维修。大多数示范反应堆都被证明效率低下。

法国拥有世界上唯一的商用快中子增殖反应堆，然而终究在1996年12月中断了反应堆活动。反应堆在活动的10年间，有一半以上的时间处于关闭状态。其产出的千瓦小时数与理想状态下长期运转上限的数据相比，所占比还不到7%。法国拥有数量巨大的无处储存的核废料，而循环再利用的数量只占其年产出量的28%，与此同时，有3/4的法国核废物被运往俄罗斯。核电站的铀污染严重，甚至会污染专门用来对其进行处理的设施。俄罗斯人对此并不在乎，并且愿意让他们的工人冒额外的风险。

总之，无论购买还是使用，核反应堆都太过昂贵。即使态度最乐观的人也把2050年定为这项技术的使用最后期限。美国国家科学院的结论是，要想回收全世界积累的核废料需要花上百年的时间。此外，所有的核反应堆都能生产钚——一种能够用于战争目的的物质，然而快中子增殖反应堆的设计是将其与其他放射性残渣分开，这将更加便于核武器生产者获得核废料。

天然气

大部分人都很熟悉厨房中使用的天然气。在自然界，天然气埋藏在地下，存在地下岩层中。天然气主要由甲烷组成，能提供能量。甲烷比煤炭含有的碳原子要少：每4个氢原子只与1个碳原子键合，而煤炭通常则是两个。一旦释放到大气中，甲烷会在大约10年内变成二氧化碳，不过这样形成的二氧化碳不到煤炭所形成的44%。因此甲烷经常被形容为最清洁的化石燃料（尽管它远没有风能或者太阳能等其他能源那样干净）。

正因为如此，纳丹·迈沃尔德和肯·卡德拉（2012）的断言才着实让人震惊，在他们看来，如果想在21世纪放缓全球变暖的速度，就算使用天然气也几乎毫无用处。两位作者假设经济增长将会持续，这一点是很合乎实际的，但是他们却假设对电力的需求将会保持稳定，这就很奇怪了，此外，他们还把天然气和煤炭当作生产电力（电力占人类排放原因的39%）的仅有两种手段进行了比较并考虑了两种假设：CO_2总量在数百年保持不变，向新技术的转换实际上会向大气排放更多二氧化碳。尽管已经在前提上做了手脚——假设电力需求不变，还是会由此得出气温上升至少会持续100年的结论；只有到了这一气温上升时期的尾声，人们才能开始体会到使用天然气所节省下的碳排放的效果——减少20%的加热效应。

使用天然气代替煤炭资源从长远来看还会有其他的好处（如更低的海洋碳酸浓度）。无论如何卡德拉都比较谨慎：“甲烷也许会向化石燃料工业引入新的投资资金并扩大其政治影响力。”

碳捕集

碳捕集的好处在于，捕集到的碳越多，大气 CO_2 的总量就越低。树木会吸收二氧化碳，然而由于受到土地面积、水分以及养分的限制，树木和植物的种植数量有限。种树大概能够抵消人类排放的 CO_2 总量的 3%。在海中下放铁“种子”能够刺激可捕获二氧化碳的藻类生长，使二氧化碳沉入海底。但是这种类型的干预，也只能抵消排放量的 1% 或 2% 而已。因为海洋有机体会进食海藻，并最终释放出会重返海面的二氧化碳。不管怎么说这都是一个坏主意，因为我们肯定不希望海藻数量的增加而导致海洋缺氧。

有一些化学手段可以在碳进入大气之前将其捕集。最佳手段是配备专业的用于实验性设施的设备：这些系统使用冷却氨在富含 CO_2 的排放物逸出之前将其“冻结”为晶体。被捕集的二氧化碳（除了一少部分能够重新再利用的之外）可通过已枯竭的石油、天然气矿层的原专用管道或地下不可开采的煤炭层进行输送。而这些被存储起来的碳中会有多少重新逸出还是如今争论激烈的一个话题：政府间气候变化专门委员会（Intergovernmental Panel on Climate Change，简称“IPCC”）希望 1000 年里只泄露 1%；而绿色和平组织则指出，仅仅 100 年内 1% 的逸出量就相当于把捕集到的碳的 3/5 重新排入大气。在 1986 年，喀麦隆尼奥斯湖底自然封存的二氧化碳大量喷涌而出，造成了1700人窒息而亡。然而这一悲剧并非人为造成，而是一座火山的错，火山活动产生的二氧化碳被山谷湖底的高压封存，在暴雨过后的山体滑坡中被突然释放。没有人会故意把碳存储到类似的地方，起码不会放在一座火山附近。

联合国国际能源署（International Energy Agency，简称“IEA”）自2009年以来一直支持建设具有碳捕集能力的新工厂并对现有工厂加以改造，这些工厂的寿命长得简直令人沮丧。能源署认为，在2050年之前将碳排放减少一半的预想中，碳捕集能起到20%的作用。然而能源署的计划花费很高，很难估算究竟需要多少额外的费用：在某种程度上，国际能源署的报告（2010）认定费用将会超过60000亿美元，这还仅仅是碳捕集装备的费用。然而任何细节都不能小觑，建造一座配备碳捕集和储存设备的新发电厂，成本还要增加50%~100%，更新现有工厂的花费则会相对较少。为了满足能量生产过程本身对能量的额外需求，还需要更多的燃料，且新管道系统也要花钱，用来购买碳地下储存设备和支付给管道途经地带的土地所有者。

IEA的报告承认，这些费用无须由私人部门承担，而应该由发达国家的政府提供支持，且后者还必须在《京都议定书》的指导框架下进行谈判，以便向发展中国家提供援助补贴。这种情况发生的可能性与在京都达成的其他重大协议几乎相同——基本为零。改变的节奏得是非同一般的。在 40 年内建设 3400 座碳捕集设施，相当于每年要建设 85 座，就算每 4 天修建 1 座，也要建 40 年。所需铺设的管道为 36 万公里，相当于美国现有天然气管道总数的 10%。至于之后我们是否有合适的地方存放 33 亿吨 CO_2 就取决于怎么看待逸出的可能性了。

世界会继续在碳捕捉方面取得进展，正如会继续在风能、太阳能和电动能源车方面取得突破一样，更不用说把房顶涂白之类的。为了保持全球经济每增长 100 美元年碳排放量减少 1.3% 的目标，所有手段都是必要的，这是我们的设想。然而没有任何迹象显示我们能够改善这一结果。皮尔克（2010）的碳捕集成本和以化学手段清洁大气的成本预估研究工作干得不错。他希望继续这项研究工作，我也是；不过正如他所说，现今的技术“基本都是理论上的，肯定花费不菲”，而且“并没有提供像银子弹[①]一样一击致命的东西”，即一个最佳解决方案。这显然没有提供任何能在 2050 年之前迅速起效的解决办法。

对开篇问题的回答

道义责任高于政治责任：不能反对经济增长而抛弃地球上被

① 银子弹：在西方传说中，必须使用银质子弹才能将吸血鬼或者狼人杀死，一般用于指代决定性致命的东西。——译者注

遗弃的人们。过去的每一年都证明，现今所使用的经济低碳化设备无法将我们从“无法回头的点”上拯救回来：终有一日，气温上升、冻原融化、北极冰帽融化等现象将形成相互回力作用，并超出任何人类控制范围，无须经过我们允许就要重新改造世界。

第五章　激光融合与海水雾化

提问：

· 怎样生产清洁能源？

· 怎样才能终止全球变暖？

到目前为止，我的分析都强加了两个必要条件：尽快得到清洁能源及立刻终止气温上升。这二者关系密切：如果气温继续上升，清洁能源也救不了我们；而如果我们无法在可以预见的未来减少大气 CO_2 排放（别忘了，碳会令海水呈酸性），单凭气温控制本身也无法带来积极的结果。

历史的进程

我不相信宿命论。然而人类似乎梦游着向清洁能源的道路前进，这是一条远离碳转向氢的道路。碳燃烧时会变成煤烟或二氧化碳，而氢燃烧后却只会变成水。碳从 19 世纪起就开始失守：木头和稻草曾经是主要能源，木材烧掉大约 10 个碳原子才消耗 1 个氢原子。在 19 世纪，木材被煤炭代替。煤炭每燃烧 1~2 个碳原子会消耗掉 1 个氢原子。到了 20 世纪，石油打破了平衡，煤油、喷气式飞机的推进剂每燃烧 1 个碳消耗 2 个氢原子，然而更好的是天然气，甲烷（CH_4）有 1 个碳原子和 4 个氢原子。在 19 世纪，碳供给了 90% 的能源，而照目前趋势，2100 年氢会实现 90% 能源供给。考虑到世界规模商品和服务的不断增长，这一发展到时还是无法满足需要，我们必须设法单独从氢中获得能源。

摩西和应许之地

奥塔哥大学物理学家罗布·巴拉让我注意到了美国国家点火设施（NIF）主任埃德·摩西（一个非常合适的名字）："NIF 第一次专注于实验室能源获取的核聚变点火。"在获取能源的同时不释放碳，也许这是我们“及时做出改变”的最大希望。然而NIF设备本身能够幸存就已经近乎奇迹了。这一装置的建造始于1997年5月，建造成本大大超出预期，在2005年7月，美国国会还决定暂停这一计划。

NIF装置能够幸存，仅仅因为它可以帮助美国军方模拟氢弹实验。美国在1992年中止了核试验，从那以后科学家只能在计算机上做爆炸模拟实验。然而，军方不时感到需要在现实世界中进行他们的模拟实验。NIF是为了能够制造真正的核爆而建设的，虽然因为规模太小而不会被《全面禁止核试验条约》视为核试验，但却足以提供有用的信息。至于清洁能源的研究则是一项增加额外成本的“多余东西”。

图11显示了摩西希望做的事情。按下一个按钮，192个激光器释放出5000亿瓦特的能量，约相当于全球总用电量的3000倍。这一能量击中一个大小和火柴头差不多的小球，里面包含着一个氘球（重氢，原子量2）和一个氚球（更重的氢，原子量3）。原子小球们被冷却至比绝对零度高1℃，激光束必须快速压缩小球以使其塌缩内爆；氘和氚的内核因此相互挤压直到发生核融，形成氦（通过在恒星内部发生的相同物理过程）。由于这一过程是核聚变而不是核裂变（涉及原子的分裂，就像在一个普通核反应堆里发生的那样），因此不会有产生含放射物次级产物的问题。

我经常想知道为什么核融能够产生能量。氦（加上1个释放的额外质子）具有与形成它的两个原始内核相同的质子数和中子数。如果其中一部分质量被转化为能量，那么部分质量就要“丢失”。显然，在这一过程中原始中子丢失了大约0.7%的质量，正是这部分丢失的质量被转化成了伽马射线（热量极高）和中子（我们不感兴趣）。如果能产生足够的热量，它将在不再需要任何激光介入的情况下维持融合过程，直到大部分核燃料耗尽并达到所谓的“点火”状态。点火是指小球的一部分被融化得足够大，足以释放大于它所制造的冲量的能量的时刻。由此“创

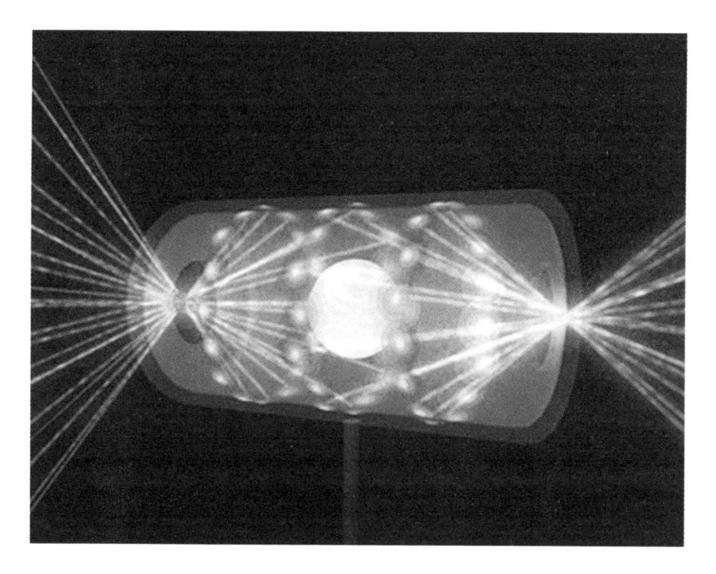

图11　国家点火设施的激光束通过一个射线柱抵达冷冻氢球

造”的能量可以使涡轮机工作并产生电力。

在美国国会（在气候问题上很多国会成员都抱有疑问，有一些甚至是持怀疑论态度）牢牢控制并威胁要切断其资金的情况下，NIF 面临着需要迅速出成果的巨大压力。由于错过了原定于 2012 年 9 月的最后期限，国会势必会停止 2013 年（从 10 月 1 日开始）的资金支持。

然而随后发生了不同寻常的事情：2013 年 10 月 8 日，NIF 报告，在人类历史上首次成功获取了氘球和氚球释放的巨大能量（费罗，2013）。然而距离实现“真正的点火”仍有一步之遥，因为抵达小球的能量仅为进入整个系统的激光总能量的一小部分，大部分能量都没能“及时”到达小球。尽管传输的能量相当巨大，激光也被精准导向小球表面，其内所含氢也被适当挤压，然而它所产生的脉冲却中断得太快，妨碍了大部分氢核融并持续发生增殖反应。如果有些美国人想要做些有用的事情，就应该打造一个强大的游说集团，以保证这一项目不会仅仅为了节省不到联邦预算百分之一的千分之二就被搁置。实际上，国会希望能以此节省 6000 万美元，这一数目比在家喻户晓的花生酱上的消费还要少（美国人每年仅在花生酱上的花费就高达 8 亿美元）。

摩西清楚氚是“稀缺的”（极不稳定），但是他认为氚会被氘（重氢）逐步淘汰，并相信核聚能激光系统将从现在的（巨型）尺寸缩小到更适当的程度，甚至可以安装到一台卡车（也许是电动的）上。在这种情况下好处是巨大的：从 600 kg 水中回收的氘所能提供的能量相当于 200 万吨煤。这意味着相当于太阳寿命两倍的漫长未来中所需要的能源都将会得到保障。摩西认为，激光融合的流程将在 2030 年实现商业化，生产过程中没有碳排放的发电设施能够在 2050 年之前陆续取代那些以肮脏能源发电的设施。然而，就算这一设想能成为现实，煤炭发电厂和天然气发电厂也照样无法在多年内被清除。假设所有的新发电厂都能实现零碳排放，并代替传统发电厂，那么随着后者的老化，在 2100 年我们也许就能大幅减少大气碳排放，并且从那之后都保持低排放量。

NIF 同英国原子武器研究所（Atomic Weapons Establishment，AWE）以及拉塞弗-阿普尔顿实验室（Rutherford Appleton Laboratory）进行合作。2005 年，英国开始了一个类似的计划，名叫高功率激光能量研究（High Power Laser Energy Research，简称“HIPER”），但是还没有取得重大进展。NIF 还与西班牙核工业研究所（Instituto de Fusión Nuclear，简称“IFN”）进行合作。一些科学家认为有必要对 NIF 的设备进行一些改进，中国正在研究它的局限性，以便建造更好的设备。

普林斯顿实验室与等离子体

普林斯顿等离子体物理实验室（Princeton Plasma Physics Laboratory，简称“PPPL”）管理着革新性的国家球形环面实验（National Spherical Torus Experiment，简称“NSTX”）。其球形等离子体核反应堆因技术升级而关闭，预计将于2014年年中重新开放。当我撰写本书时（2014年8月），这一目标仍未达成。① 这种类型的反应堆使用另一种不同的方式来压缩氘和氚，将其融合形成氦。在这一操作中，这两种元素以等离子体的形式存在，这是一种被加热到足以导电的程度的气体。通过等离子体的电流产生磁场，该磁场产生压缩等离子体的直接作用力，进而形成更大的密度，如此循环往复直到获得足以产生核聚变所需高温的连锁反应。

NSTX是一个巨大的容器，能发出一束高能量光束射向一个由磁性线圈支撑的球形槽，容器覆盖着能够承受超过100万摄氏度高温的碳砖。容器中所含的等离子最终应达到1.5亿，没有任何固体材料能够承受这一温度。为此，两个磁场将容纳着等离子体的环面与容器分开。等离子体类似于被从中间穿洞的球体

① NSTX的技术升级工作已于2015年完成，成为新一代NSTX-U（Upgrade）。——译者注

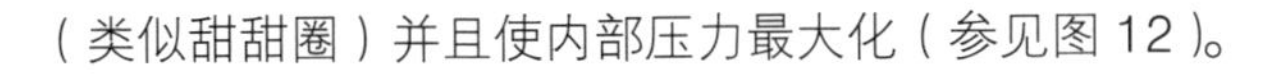

（类似甜甜圈）并且使内部压力最大化（参见图 12）。

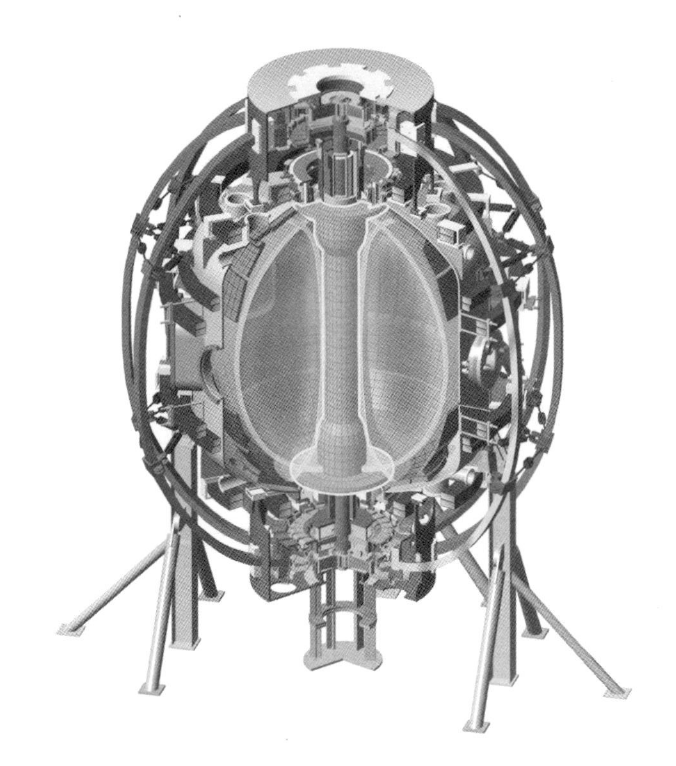

图 12　普林斯顿国家球形环面实验（NSTX）

到目前为止，普林斯顿实验室已经将等离子体加热到 6000 万摄氏度以上，技术升级将会使它的内部电流增加 1 倍。研究人员表示商业化的等离子体反应堆应该会在 2050 年前实现，比 NIF 设定的商业化激光反应堆的目标实现晚 20 年。也许他们会这么说是因为他们所获得的资金更稳定？无论如何最近激光融合反应的成功应该不会妨碍等离子体融合反应的研究。在 1997 年，英国卡尔汉姆实验室（Culham Laboratory）在投入 24 百万瓦功率（MW，megawatt）之后产生了 16 百万瓦功率，如今实验室主任史蒂夫·考利教授相信，目前正在法国南部建设的国际热核聚变实验反应堆（International Thermonuclear Experimental Reactor，简称“ITER”）将成为首个所产生的能量会大于其消耗能量的反应堆（桑普尔，2014）。

英文版维基百科上对这件事有很好的概况介绍。ITER 由欧盟、印度、日本、中国、韩国以及美国共同出资建造，预计将在 2019 年完工，不过聚合反应要到 2027 年才能进行，目标是达到 500 MW。下一步则是建造商业模型，时间定在 2030 年之前，和 NIF 制定的目标年份相同。

气候工程

在不得不承认直到 2100 年之前都无法生产出清洁能源的同时，我们怎么才能节省等待有效的清洁能源生产系统出现的时间？为了平衡从现在到 2050 年期间碳排放积累的影响，我们需要阻止大约 2% 的太阳光进入地球（安杰尔，2006）。如果排放量继续增长直到 2085 年，我们就得阻止大约 6% 的太阳光。目前有 30% 的太阳能被反射回宇宙，因此将这一百分比逐步提高到 36% 的目标看起来并不是完全不可能。然而气候学科学家们对这一前景却越来越没有信心，因为这一百分比今后注定会变得越来越高，永无止境。最起码，它改变了射到地球表面的可见太阳光（减少）与红外线（增加）之间的平衡。也许会因此发生令我们极不愉快的天气气候现象。

通过用浅色材料铺设道路、地面以及修建屋顶（比如将屋顶刷成白色），能够反射更多的太阳能并减少吸收，并稍微缓解气温上升，但是这样只能影响局部变化。幸运的是，还有更加雄心勃勃的提议能够显著降低气温。

镜子

罗杰·安杰尔（2006）向我们展示了最先进的太阳辐射物理防护建议。在地球和太阳间，位于距离地球 150 万千米、距离太阳 1.48 亿千米的地方，有一个所谓“拉格朗日点 L1”的位置，在那里位于轨道上的小物体会同两个天体保持相对静止。在这一计划中所特别考虑的小物体是一些直径大约 1 米的碟片（代号“飞行者 flyers”），不过因为碟片非常薄，一片顶多 1 克重。每个碟片的表面会有一面镜子，由于来自太阳的辐射压，每块镜子都会保持正确的倾斜角度。这些碟片会被放进太空舱带入宇宙，每个太空舱里面会装大约 80 万个碟片，以每 5 分钟发射 1 个太空舱的频率，连续发射 10 年。为了降低输送成本，可能会采取先用电磁加速的方式摆脱地球引力再用离子推进器飞行的方式。160 亿张碟片的总重量估计大约会在 2000 万吨。

不过在飞行者云团真正进入轨道上发挥作用之前恐怕还要等上几年。这一计划的目标是反射部分太阳光，用来抵消目前 CO_2 排放量在 2045 年翻番所导致的升温效果。可惜的是，这一情况所能带来的其中一个副作用将是导致世界气候更加干燥。它会令欧亚大陆北部以及南北美大陆部分地区的降水减少 10% 以上。预计，安杰尔的计划所需费用约在 60 万亿美元（以 2012 年水平），每年的维护成本大约也要 1000 亿美元。不过这一费用看起来是合理的，特别是与全球试图减排的成本相对比。但不管怎么说，这一费用也应该被计算在为了减排要付出的代价中。

硫酸气溶胶

卡蒙·马修斯和肯·卡德拉（2007）研究了一种经济成本上容易被接受（大约每年几千亿美元）也确实有效的技术：用泵将液体二氧化硫送入平流层。卡德拉说通过这种方式气温将会在 5 年内下降到 1900 年的水平（斯莫利，2007）。差动雾化装置有可能会让两极和热带的气温重返正常模式。但是却不太可能让降水模型也恢复成 1900 年的样子。雨水有时可能会从陆地转移到海洋，有些国家可能会面临更严重的干旱（班-维斯、卡德拉，2010）。

这个技术的具体程序在高智公司（Intellectual Ventures）的平流层盾护项目中有所描述。在距离地面 30 千米的高度有一层微细粒子气溶胶。平流层气球支撑一根可以（每年）泵送 10 万吨液体二氧化硫的橡胶管升入平流层，这一液体被雾化成细雾喷入气溶胶微粒，然后通过风将其扩散。这种雾气将主要由硫酸溶液云形成，能够起到阻止太阳辐射的作用。由于通常风会随着高度上升速度加快，这条管子（或者这些管子）需要承受得起每秒 60 米（也就是每小时 200 km）的风速才行。有不同的方式可以让二氧化硫持续流入平流层：燃烧富含硫的常见材料，比如羊毛、皮毛、橡胶和泡沫橡胶；燃烧褐煤；使用略加改动的喷气推进剂。比起太阳辐射防护的效果以及随之带来的气温下降，所消耗的能源可以忽略不计。

有些人造气溶胶由于对臭氧层的有害影响已经被禁止，因为臭氧层能够保护地球不受致命宇宙射线的伤害。这里说的气溶胶是由氯、氟和碳（CFC）制成的悬浮物，能够长时间保持悬浮且不溶于水。硫酸气溶胶不含氯氟碳化合物。然而从另一方面，极点附近的硫化物还是会催化与氯的反应，将其转化为一种破坏臭氧的形式。这有可能会造成一些损害，特别是会延迟目前正在进行的臭氧层修复进度，目标修复时间将从距现在起 30 年推迟至 70 年（提尔慕斯、穆勒、撒拉维奇，2008）。也许这是一个可以接受的代价。画家们能够找到迷人的新云朵来取代曾经的蓝天和颜色鲜艳的晚霞，他们会看到一团包含了天空、云朵和地平线的白乎乎的混合物。

船舶与雾化海水

美国国家大气研究中心（National Centre for Atmospheric Research）的约翰·莱瑟姆曾提出一个提案，史蒂芬·沙特尔和同事们（2008）照着设计了实施方案。一支由 1500 条无人艇组成的船队带着（巨大的）涡轮机航入海中，制造了大量的雾化海水。然后将海洋喷雾通过高达 25 米的微型喷口以气化盐的形式泵入空气中。在这个高度或更高一点的地方，湍流会将气化盐混入云中。

喷雾不会形成新的云。在距离地面约 1 千米的高度，这一操作的最终目的是有助于形成光亮云，以便将太阳光线反射进宇宙。然而要想实现这一目标还有很多工作要做。当云朵内的湿气分散为很多小水滴而不是聚集成一些大水滴上的时候，水滴的总面积就会增加，也就能使云朵更亮，反射更多的光。水滴的增加取决于新水滴的滴核形状，这一任务正是由盐来达成。然而如果让过多的气化海水升入云中，云就会过饱和，导致降雨，会削弱对太阳光的反射。

此外，海水泡沫中不仅仅包括盐和水蒸气，也包含其他物质，包括病毒和细菌。加利福尼亚大学圣地亚哥分校的一个研究中心从美国国家科学基金会（National Science Foundation）获得了 2000 万美元的资金，用于继续对这项技术进行实验室实验。该中心还将研究这项气候工程技术的总体影响，并将评估是否会增加健康风险（布伦南，2013）。

这些船舶将垂直于盛行风向行驶，由全球定位系统（GPS）引导，使得它们能够驶向云层合适的地方，随着季节迁移，并返回港口进行必要的维护。太阳辐射只能从海洋上空减少。巴拉等研究者（2011）证明如果喷雾被均匀扩散，印度（在那里干旱是主要需要担心的问题）将会通过河水水量的增加来弥补降雨的减少。通过海水蒸气有选择地雾化云朵，有可能会增加干旱地区降雨，减少潮湿地区洪水，还可以保护受损的珊瑚礁、减少极地附近大陆冰川大量消失的损失。

这项计划最初所需的花费有可能是每艘船 300 万美元，即 1500 艘船总共 45 亿美元。此外每年还需 5 亿美元的维护费用，用于修理船只、零件替换以及每年再添加 50 只新船（这是跟随碳排放量增长的必要条件）。我们可以立刻就派一支小舰队出海，比如大约 30 只船，所需花费还不到 1 亿美元。美国海军最新的航空母舰造价 268 亿美元。这种范围有限的干涉措施，并不需要等待圣地亚哥研究中心方面就海水雾化对健康的可能性危害实验得出结果就能实施。在一开始，船舶可以先去人口稀少的地方进行海水雾化，让我们控制对气温的影响。初步操作对调整形成光亮云所需的正确盐分剂量至关重要，也是为了消除机械设备操作以及定位系统带来的不可避免的问题。理想情况下，系统将会被调整到拥有恰当剂量的水平。

让我们假设海水雾化的致病风险不存在或者极小；毕竟就算有病毒和细菌，我们也照样在海中游泳，再说它们本来就存在于自然界已有的雾化海水泡沫中。如果是这样，看起来沙特尔的船只是我们能下的最好赌注。镜子的成本要比这个高得多，获得预期结果的时间也慢，很有可能不会被有可能失去本国大部分降雨的国家所接受。至于硫酸气溶胶，除了我们需要监控它对臭氧层的负面影响之外，雨水每隔几年就会消除云层的酸性，迫使我们要一直替换它。尽管我个人很高兴比尔・盖茨正在资助这个项目，但是我认为这个技术恐怕比起船舶那个项目更难融资。人们倾向于拒绝任何背离他们对“自然”认知的东西。消除蓝天的硫黄奇观可能让我们感到不安，即便这对各种千禧年狂热信徒们来说会是一个非常好的机会。对于想要获得更完整信息的人来说，埃里克·约翰逊（2013）对三个备选进行了非常好的评估。

其他该做的好事

主要大国对资助清洁能源生产和气候工程负有主要的资金责任。各国能源的生产效率（引入煤炭和石油的替代能源）会帮助我们不断进步，以摆脱碳基能源生产，因为如果想将二氧化碳维持在一定限度内，这就非常关键。

太阳能

也许我们能够改善太阳能可能带来的结果。2014 年年初，在北卡罗来纳州立大学分校的一群国际研究人员们发现了一套系统，能将有机太阳能电池的效率提高 30%，从而降低成本，并显著扩大市场（张等，2014）。

渗透能

小国能做的要比他们认为的多。挪威（挪威国家电力公司渗透能发电厂 Power-technology，2013 年文献）投资了 1.08 亿美元在挪威国家电力公司渗透能发电厂（Statkraft Osmotic Power Plant）的项目上。原型机已经于 2009 年 11 月开始运转，工厂将于 2015 年投入运行。尽管需要相当高浓度的海水盐分，但可以将这种发电厂建在淡水流入海的交汇处。发电厂的模块化系统由 66 个压力管道、一个涡轮机、一个热量交换器及一个清洁单元组成。两种不同浓度的水被注入两个不同的隔间，用一个半透膜隔开。当海水通过半透膜吸收淡水时，隔间就会产生巨大的能量。仅这一个发电厂每年就能生产约 1.7 亿千瓦时的能量，几乎相当于 70 万吨煤（相当于新西兰年均能量消耗的 20%）。发电厂不会排放任何污染物进入大气，也不会对海床或河流生态栖息环境造成破坏。

海洋和生物炭

目前我们还无法消除大气 CO_2 对海洋酸度造成的影响，不过我们能够保护海洋不受其他威胁。合成肥料是现代科学的伟大成就之一，它使我们能够养活栖息在地球上的 70 亿人口，但同时也是个威胁，因为它含有氮和磷。

1915 年，哈伯博施工艺取得进步，用于将氮和氢转化为氨，一种对植物有益的活性氮（凯泽，2001）。90% 的活性氮都渗入土壤并分散在水和空气中。畜牧业是链条中重要的一环：世界上大多数的谷物都被用来喂养动物，而动物则会产生大量富含氮的肥料。在荷兰，农民们需要将肥料盖起或者用犁把肥料耕进地里，然而氮还是会逸出，以氨（NH_3）的形式被风吹走，或者通过雨水从土壤渗出流入河流。肥料需要直接或间接地为土壤中 3/4 的氮流失负责。大气中的硝酸导致了酸雨，而一氧化二氮则与二氧化碳一起，成为温室效应气体组成中的一员。

1927 年，硝酸磷酸工艺被发明，也称为“奥达工艺”（来自挪威奥达市）。磷酸盐岩（含磷量约为 20%）溶解在硝酸中，通常与钾结合形成复合肥，称为氮磷钾（NPK），其名称来自于组成它的三种元素氮（N）、磷（P）和钾（K）。磷酸盐和活性氮的结合使得水道“富营养化”，而帮助我们家门口的草坪生长的相同物质导致了海中海藻的大量繁殖。当藻类死亡时，留下了缺氧的水体，这对大部分水生生物都是致命的。在美国，有一半的湖泊都富营养化。在欧洲，冯·本讷科姆等研究者（1975）进行的一项研究表明：荷兰沿海水域被莱茵河的水体污染。墨西哥湾密西西比河的入海口的地方，有一块面积达到10085平方千米的死亡区域（像康涅狄格州一样大），而波罗的海的死亡区域甚至比这面积更大。世界上海洋总富营养化区域现已达到550个（美国国家近海海洋科学中心，2014）。

甚至深海的海水也不安全。每年从矿藏开采的磷大约有2000万吨，其中将近一半都会回到海洋，加剧碳引起的酸化。半藤逸树和蒂姆·伦顿（2003）已经证实，从3.5亿万年前起，当海洋中磷的摄取量临界值超过河流中的时，就会发生大规模灭绝。这些模型表明：如果超过土壤自然降解产生量20%的磷不断流入海洋，就会变得致命。目前的海洋正处于缺氧的危险边缘。约翰·洛克斯特伦等研究者（2009年，文献a）总结道，除非我们将每年流入海洋的磷的数量限制在1100万吨，否则大规模的海洋生物灭绝可能在1000年内发生。目前每年流入海洋的磷的总量约为900万吨，然而由于2050年世界人口会从70亿增加到100亿人，这些研究人员设定的限量值显然很危险。

生物炭（或称植物炭）是最有希望的氮磷肥替代品。生物炭是一种通过密闭容器加热所产生的炭，容器中只含少量空气或根本不含空气，将温度设置为“低温”（低于700℃），用任何农场找得到的废物（木材、粪肥、食物残渣）作为原料即可产生。在被用作肥料之后，碳会留在土壤中。每个农民或农民团体都能够使用一个技术简单的烤箱（成本大约5500美元），便于携带。西蒙·沙克利和沙朗·索希（2010）估计，向英国农民商业化提供 1 吨生物炭所需成本应该为 670 美元左右。英国的杂志《农民周刊》（*Farmer's Weekly*）写道，每吨复合肥所需成本可能是 550 美元（2012 年 5 月）。使用生物炭起初可能需要一些补贴，不过发达国家的农业经济体本来就靠补贴，如果生物炭效果符合预期，就肯定会被列入补贴清单。

生物炭的好处还需要经过一系列土壤和作物的测试，克里斯·古德尔（2011）为我们提供了来自牛津大学的实验小结。研究人员们正在进行实验，看肥料在温带气候和热带气候是否同样有效，在这些地方有时收成会大幅增加。西蒙·曼利（2012）提到了西非的碳金（Carbon Gold）项目。生长于此的可可树是世界上需要灌溉最多的植物之一，当用生物炭代替常规肥料使用时，收成增加了。现在建议在生长的各个阶段都把生物炭埋入土壤中为新苗、半成熟树以及成熟树提供养分。

水资源的利用

洛克斯特伦等研究者（2009，文献 b）专注于研究淡水利用对全球的影响。在这个领域，土壤湿度被称为“绿水”，而河流汇入大海的水被称为“蓝水”。当我们砍伐树木时，会造成土壤侵蚀，减少土地含水量。树木的减少会引起大气汽化的改变，对降水产生负面影响。在最坏的情况下，森林砍伐会使肥沃的土地变成沙漠。甚至当我们改变河流的流向，用以灌溉农业用地的时候，我们也在减少流入海中的水流量。现在，世界上 1/4 的河流在流入大海之前就已经干涸了。

洛克斯特伦的研究小组估计，人类需要 90% 的绿水用于粮食生产，20%~50% 的蓝水来维持海洋生命。他们建议限制河水消耗（农业用水或饮用水）的影响，比如首先尝试为河水消耗设定安全限制。根据他们的估计，每个人每年消耗的水应该不超过 4000 立方千米，而目前的消耗量为 2600 立方千米。世界人口如今正朝着当今人口 1.43 倍的人口峰值前进，这会使人均消耗水量增加到每人 3714 立方千米，略低于估计值可接受的最高限度。

领土的管理

除了使用有机肥料、有效利用水源以及保护树木——所有这些都影响着我们对地球的利用，还有一个问题就是如何管理领土［详细情况可以参考贾德·戴蒙的书《大崩坏》(*Collasso*)，2005］。我们面临着一个至关重要的问题：人类能够开垦利用的土地总量究竟有多少？如今开垦的土地面积要比 18 世纪高 6 倍（欧文，2005）。畜牧业所占用的土地要比种植业更多，分别为

3642.1710 万平方千米和 3234.7850 万平方千米。而耕种作物的一大部分也都是用于动物饲料。中国对大豆的需求导致亚马孙热带雨林大比例被大豆农田取代。在过去的半个世纪中，森林、灌木丛和湿地每年至少有 1% 被转化为农业用地。

尽管大部分最好的土地已经被转化为农业用地，耕地面积很有可能还会继续增加。洛克斯特伦等研究者（2009，文献 b）为我们星球的土地定下了一个 15% 的极限，如果土地在土壤侵蚀、水污染、森林砍伐以及沙漠化等方面的水平超过这一极限，事情将变得不可收拾。目前我们处在 12% 的水平。研究人员提出了一项全球战略，将最具生产力的土地分配给农业，以保持现有森林以及未经人类改造过的生态系统原样不变，特别是那些富含碳的生态系统。商业利益正在通过购买发展中国家的土地来提前实现这一战略。沃德・安塞尔等研究者（2012）报告说，自 2005 年以后，最发达国家已经购买了相当于 2.03 亿公顷的面积（几乎与西欧一样大），其中非洲约有 66%，亚洲有 21%，拉丁美洲为 9%。富裕国家应该通过购买土地的企业来管理这些土地使用，这些企业中大部分都是注册的离岸公司。

雨林

亚马孙热带雨林占世界天然煤炭储量的 10%，因此那里的森林砍伐会令全球变暖显著加剧。亚马孙生态系统平衡极为脆弱，哪怕仅仅小幅增加耕地面积都可能会迅速引发不可逆的过程，导致整个地区转化为半干旱热带气候的疏林草原（弗利等，2007）。问题在于没有人敢冒险估计这个“小幅增加”的幅度会有多小。事情有可能要比看上去的更糟，因为最近的探索表明，这里有些曾经被归类于热带雨林的部分实际根本不是未污染的，这显然是人类干预的结果。

截至 2010 年，亚马孙热带雨林中属于巴西的部分（大约为 65%）面积减少了 17%。巴西政府希望能在这十年中将损失百分比降至 1.25%，并在接下来保持每十年 1.2% 的比率，然而这一设想与一个强大的农业游说团体相冲突，该游说团体在 2012 年成功减少了保护区面积。结果，森林砍伐率的下降趋势在 2013 年扭转，重新回升到了 2011 年的水平。其他有雨林覆盖面积的国家也没有提供太多的帮助。最让人难过的则是厄瓜多尔，厄瓜多尔宣布，由于联合国支持的一个项目宣告失败，当地的石油开采将会继续。当地政府本已获得 36 亿美元（其石油储备价值的一半，作为保存石油矿藏的激励）的承诺。但是三年过去，总“承诺”仅有 3 亿美元，实际兑现入账的则仅为 1300 万美元（不到当初协议总数 1% 的 0.4）。

不能指望巴西能够遏制穷人的饥饿和大公司对利益的渴望，除非它能说服自己的人民“保护环境，人人有益”。联合国（主要大国）应该为巴西提供一个有吸引力的报价：在当年没有森林砍伐的情况下，每年年底（实际）支付给政府一笔巨额费用。现在热带雨林的情况可以通过卫星的摄像头来监控，这些协议是否真的得到了遵守会显而易见。如果巴西发现自己处于为实施协议而寻求帮助的情况下，那就更好了。

最终，我们需要的是一个全球性的计划。我们不想要恶化的沙漠或是水土流失，也不需要没有树木的“森林”，更不需要对海洋生命的其他威胁。海洋遭受着来自海水酸化、被含氮和含磷污染物污染以及缺水的三重威胁。情况并不是毫无希望，但是我们没有太多的时间能继续在海里漂泊了。

对开篇问题的回答

就算不把清洁能源和气候工程看得比其他解决方法更重要，这两项对于其他任何长期战略来说也都是至关重要的。激光核聚变或者等离子体核聚变切实提供了在 2100 年之前实现生产零碳排放清洁能源的希望。这些技术低廉得令人惊讶。除非出现无法预见的负面影响，那么沙特尔的船队都应该能够延迟气温上升，消除在 2050 年进入“无法回头的点”的沉重预期的前景很好。

题外篇　爱德华勋爵

碳的影响很大，但是还不至于大到让人类的幸存与否产生争议。就算罗马衰落了，人类（乃至意大利）也照样幸存了。就算城市人口时常会因为瘟疫、土耳其人的威胁等各种灾难大量死亡，拜占庭帝国仍然存在了千年。如今，伊斯帕尼奥拉岛上的多米尼加共和国尽管有着像古埃及十灾一样的自然史，也仍然幸存着：在岛上，隔一段时间就会遭受飓风、火山活动、地震、干旱、洪水、山体滑坡、森林火灾和海啸的打击。

我们能适应更热的世界吗？ 300 年后，假设冰川全部融化，海平面上升 70 米，土地面积会更少。如图 13 所示，新西兰将会失去汉密尔顿、吉斯本、新普利茅斯、内皮尔、哈斯丁、北帕默斯顿、布伦海姆、尼尔森、格雷茅斯、基督城、蒂马鲁和因弗卡吉尔。奥克兰将会被分为两个小岛，两个岛的中心分别耸立着伊甸山和独树山。惠灵顿和但尼丁的大部分地区都能幸存下来。

图 13　阴影处为当海平面上升 70 米后新西兰剩余面积

图 14 显示英国的情况也不会有多好，它将会失去伦敦、利物浦、南安普敦，也许还有格拉斯哥。苏格兰高地将会大部分保持完好，同一段自北向南延伸，穿过低地和中央地带的带状土地相连，这条带状土地会一直通到南部海岸——一个面积稍微有点

儿“缩水”的地方。威尔士的大部分土地都将幸存，通过一个尽管会变窄很多但仍然存在的地峡同英国其他部分相连。康沃尔郡则会通过一个窄窄的地桥和英国继续相连。很多东部的县将会消失，只留下一些高海拔部分以小岛的形式存在。美国可能会失去全部的东部海岸（实际上直到阿巴拉契亚山脉及其高原）、整个佛罗里达州、墨西哥湾的全部沿岸（密西西比河将会泛滥，淹没孟菲斯南部的所有城市）、圣地亚哥和旧金山（如果认为值得的

图 14　阴影处为海平面上升 70 米后英国剩余面积

话，洛杉矶的大部分地区能够被拯救下来），此外恐怕还会失去最北部的那些沿海城市，如波特兰、西雅图和塔科马。中国东部地区（6 亿人口）的所有省份都将被海水淹没，情况类似的还有整个孟加拉国（1.6 亿人口）。德国将失去绝大部分沿海地区。如果不考虑沿海城市的损失，地图可能会让人产生错觉。比如，澳大利亚在这些模拟中似乎完好无损，但那是因为我们并没有意识到图中仅仅表示沿海地区的细线图例中就里包含着全国 80% 的人口。

在全世界，人们也许要一座接着一座地放弃城市，然而他们还会再兴建新的城市。具有爱国主义情怀的人可能会怨恨海水夺走了家乡的大部分土地，但有很多国家都在历史进程中丢失大片国土，有时是因为战争（这种味道就更加苦涩），但是精神却不会被击垮，德国、奥地利、俄罗斯这些国家的历史就是最好的证明。美国将会比当初 13 个殖民地时期更大，俄罗斯也会大于曾经的莫斯科大公国。幸存的西班牙人可以吹嘘西班牙输送到拉美的文化影响。在非洲，人类能够从人口同饥荒之间的紧张冲突中幸存吗？有谁会怀疑呢？世界上大多数地区的人们吃得还是会比以前好得多，有饭吃的人也不会对受饥的人表示太多同情。对于大多数人来说，改变就是吃的肉和海鲜越来越少，陆地国家针对水源的战争会由最强大的国家决定结果。可以肯定的是，这在人类历史上也并不是什么新鲜事。如果美国需要加拿大的水源，也许会发现加拿大人藏着大规模杀伤性武器。人类会继续生活、相爱、构思新的想法，也会有做慈善的冲动：在 20 世纪 30 年代经济大萧条时期，一个非洲部落曾给美国送来 1 美元零 26 美分作为国外援助。

读者也许是一个对历史漠不关心的观察者，盼着进入一个新阶段。在阿道司·赫胥黎的小说《旋律的配合》（*Point Counter Point*）（1928）中，有一段法西斯主义分子埃弗拉德·韦伯利同爱德华·塔特蒙勋爵之间的对话，爱德华勋爵是一位古怪的英国贵族，将业余时间都花在成为世界首屈一指的生物学家上。爱德华勋爵告诉韦伯利，他的担忧都是徒劳的：真正的危险是人类正在耗尽磷酸盐、煤炭、石油和硝酸钾资源。韦伯利愤怒地质问他说如果不想要法西斯提供的东西，那么另一个选择就是一场共产主义革命。爱德华勋爵回答道："革命能减少人口控制生产？那在这种情况下我肯定希望有一场革命。"

我希望我们的未来不那么阴暗。随着这个研究进入尾声，我感觉有什么非常丑陋的东西正在逼近人类，就好像第二次世界大战一样，尽管在短时间内并没有那么可怕，但是从长远来看却比那要更糟。第二次世界大战并不完全是不堪的，从短期来看也有胜利者：美国人民并没有失去自己所爱的人，有很多中立国家没有遭受战火，殖民地世界发现通往独立的道路已经打开。然而我所渴望的只是进步。未来不应该中断人类通往更美好的世界的道路。考虑到这一目标，我提供如下乐观的假设：21 世纪剩下的时间中历史的发展也许会是这样的：

（1）我们将沙特尔的舰队送入海洋，雾化海水，降低了现在的气温，比如说 1℃：当极地冰川停止融化，我们就知道船舶已经足够多了。

（2）如果在 2035 或 2040 年之前，我们将气温维持在合适的水平，就能避免跨过“无法回头的点”，如此一来也就阻止了回馈力机制启动，防止气温进入持续升高模式，避免了冰川融化、冻原解冻，和让我们所有的努力付之东流。

（3）如果 2065—2100 年，我们能够在真正的清洁能源问题上取得显著的进展，就能继续保持增长，那同时开始实现零排放终极计划。

（4）与此同时排放仍然会继续在大气和海中积蓄，并使海水酸化；因此我们需要更加积极努力，将排放污染的负面影响控制在最小限度（使用风能和太阳能发电，消灭个人碳排放，使用生物炭来消灭磷酸盐肥料和硝酸盐肥料，挽救亚马孙雨林）。

（5）如果增长持续，非洲可能会变得相当繁荣，足以适应世界其他地区的人口模式，这样一来，世界人口将有效控制在 100 亿内。

（6）大气 CO_2 浓度的持续性意味着它只能逐步从峰值慢慢下降；但是如果我们能够在 2100 年消灭污染排放，我们就能控制住它，并且终有一天（也许只要再过 100 年）给我们的船舶找到更好的事情去做。

通常情况下，光是让人们详细了解情况还不足以解决非常重要的问题，不过我相信气候变化的问题能成为这一规律上的少见例外。严肃的人，大众传媒的管理者以及政治精英们应该用严肃的方式开始互相对话。突然之间我们会发现自己站在由思想引发的新的“无法回头的点”上。物理、化学、政治、经济和伦理相互加强作用，我们会发现自己面对着一个新的回力反馈机制。一旦脱离掌控，就无法再用任何理由去对抗它。

有一件事情需要强调：要想有能力面对这种情况，我们就需要对他人采取积极的态度。不过我们决不能只担心那些生活得距离我们很远的人，也要担心我们的后人。现在我们努力争取好的生活条件，是以牺牲他人生活条件为代价的。面对气候变化是一个智力的挑战，但也同样是人类团结的考验。如果我们没能通过考验，那么我们就不值得。“没有人能高高在上。”

第三部分

怀疑论者与科学

第六章　热与冷

提问：

· 现在的气温是史无前例的吗？

· 气候变化如何影响世界史？

在对待怀疑论者的时候有一种有害的倾向，认为他们好像完全不讲理。相反，我们最好试着去理解，为什么他们认为道理在他们那边，为什么他们中的许多人会怀疑气候科学及其方法。怀疑论者最有力的论点如下：大约800年前地球的气温和现在的一样，随后突然降温，因为所有这些都发生在工业革命之前，显然这些波动与人类当时往大气排放的碳的浓度毫无关系。

在本章我会探讨历史时期中的气候史。历史本身很有趣，不过在这种情况下也会告诉我们一些重要的教训。人们谈论一二摄氏度的气温变化时态度很轻率，好像这只是小事一桩，实际上，仅仅 1.6℃的变化也会导致深远的历史后果。此外，每个人都应该意识到科学家用于历史气候重建[①]的方法的长处和短处。

中世纪的暖期以及随后的严寒气温是近代史上最显著的历史时刻之一。布莱恩·法根的书籍《大暖化》(*The Great Warming*[②]，2008）和《小冰河期》(*The Little Ice Age*，2002）对此提供了全面的阐述。法根充分利用了让·格罗夫此前的书，同样名为《小冰河期》(1988）以及 P.B. 德·梅诺科尔的重要文章《全新世气候变化的文化响应》(*Cultural Responses to Climate Change During the Late Holocene*，2001)。这些资料对我影响深远。然而研究推进是如此之快，有必要对其进行持续的更新，特别是就距今 10 年前发表的小冰河时代的资料进行补充。

全球变暖

我们倾向于认为如今的气温炎热是新鲜事，然而世界各地

---

① 气温重建（Climate Reconstruction）：预测气候变化的重要方法，通过冰岩芯、树木年轮、孢粉、纹泥、珊瑚以及史料等科学代用指标来建立主气候序列，推测过去地质和历史时期的气候变化。——译者注

② 完整标题为：《大暖化：气候变化与文明的崛起和衰落》"*The Great Warming: Climate Change and the Rise and Fall of Civilizations*"。——译者注

都在讲着同一个故事的不同版本。墨西哥和中美洲的玛雅人从700—1200年遭受了长期干旱。从1000—1200年，北极、加拿大和格陵兰的气温高得不同寻常。在欧洲，从1150—1300年间曾有一段极其炎热的时期，直到1400年为止气温依然怡人却变化极不稳定。没人能彻底解释地区间的各种变化。除了格陵兰，我将重点关注那些在同一时间同处在高气温期的地区：欧洲和欧亚大陆北部，欧亚大陆南部的大草原以及包括非洲、中国以及西北美洲和西南美洲在内的大部分地区。

欧洲与草原

在1100—1300年间，欧洲阿尔卑斯山以北物产丰富。森林的大部分树木都被清除，好给农作物种植腾地方，新清理出来的土地一直开垦到高海拔地区。葡萄种植占据了新土地，一直推进到比平常往北500千米的地方。在1120年，马姆斯伯里的威廉[①]路过格洛斯特（在英国西南部地区），发现葡萄树就种植在没有围墙的开放土地上。当时英国出口葡萄酒到法国，在法国人那里占领了大量市场。葡萄树也传播到欧洲北部的普鲁士和

① 马姆斯伯里的威廉（William of Malmesbury）：出生于1080—1096年间的英国威尔特郡，大约1143年去世。成年后一直在威尔特郡的马姆斯伯里修道院作基督教僧侣，12世纪著名英国历史学家。——译者注

挪威中部。果树遍布英国，在野外野生生长。北海的渔业比其他地方更加丰富，日常口粮可以通过鲱鱼、鲤鱼（也可以在鱼池饲养）和鳕鱼来补充。

最能说明欧洲各国受益于中世纪暖期的方式是比较 1000 年与 1340 年（黑死病发生之前）的人口。英国、法国、荷兰、德国以及斯堪的纳维亚的总人口从 1200 万人升至 3550 万人，意大利的人口也翻了一倍，与此同时，半干旱气候国家，比如西班牙、葡萄牙和希腊的人口都没有什么增长，也许那里气候温暖加剧了干旱。俄罗斯、波兰、立陶宛以及匈牙利的人口仅增长了 35%，然而正如我们将会看到的，在那段时间里他们必须抵御蒙古人的入侵。总的来说，整个欧洲人口在这一时期从 3850 万增加到 7350 万（罗素，1972）。人口爆炸创造了新的城市和新的城市文化，增长的复杂性成为一种永久性资源：中世纪暖期对欧洲的统治和现代世界的历史都做出了巨大贡献。

暖期的影响并不全是有益的。欧亚大陆南部的草原从匈牙利延伸到蒙古，在那里生活的游牧民完全依靠马匹来行军打仗、旅行、挤奶、制奶酪以及做皮制品。当高温和干旱使草地干枯时，蒙古人被迫寻找更多肥沃的牧场，并且很容易找到城市进行掠夺。在 1300 年的时候，成吉思汗和他的儿子们不但已经消灭了中亚的突厥各国，而且几乎摧毁了东欧的所有城市，还使俄罗斯沦为封臣。

在这期间，北海的海平面提高了 60~80 厘米，丹麦及德国沿海的大片地区被淹没，大洪水造成大量人口溺亡，人数估计在 10 万~40 万人。荷兰的洪灾生成了巨大的内陆湖须德海。在英国，有一个小海湾向内陆推进了 25 千米，直到诺维奇，而贝克尔思（如今位于距离北海 10 千米的内陆）在当时曾是一个重要的港口。

虽然 1300 至 1400 年之间的年份总的来说很温暖，但是夏季和冬季却变得很不稳定，对农业造成了损害。在 1408 年，小冰河期开始了。泰晤士河完全封冻，然而地区和地区之间还是有很大的不同：比如说，由于葡萄的生产质量太差，英国所有的葡萄园都在 1440 年消失，然而普鲁士的却完好无损。

格陵兰与北极

在暖期，斯堪的纳维亚和欧洲北部地区共同享受了人口增长。在加拿大北极地区和格陵兰，暖期峰值期则来得更早，从 1000 年延续至 1200 年。公元 985 年，红胡子埃里克[①] 被从冰岛（在 900 年成为殖民地）流放，在格陵兰西部沿海地区建造

① 红胡子埃里克：埃里克·索瓦尔德松（约 950—约 1003），维京探险家，出生于挪威。985 年，埃里克和家人以及一些殖民者从冰岛出发，来到格陵兰，建立了首个殖民定居点。——译者注

了两个定居点。西边的定居点要比东边的定居点更靠北，距离岛的最南端有 950 千米，而东边的定居点距离最南端只有 100 多千米。殖民者们在这里捕捞鳕鱼，猎杀海豹和海象，种植干草和大麦，进口牲畜和木材（从拉布拉多），并向挪威出口海象象牙（由爱斯基摩人提供）。

1250 年之后，气温开始降低，到了 1300 年气温急剧下降。1340—1360 年的冬季把“北方人”推出了西部定居点，到了 1450 年，东部的定居点也被放弃了。没人清楚最后的居民命运如何，不过我们知道他们中有一些人和爱斯基摩人联姻（拥有 5% 的北欧基因）。1721 年，丹麦人和挪威人以及一群德国人回到格陵兰建立了定居点，并从那时延续至今。

非洲

地中海连接欧洲南部、非洲和亚洲。从西班牙、阿尔及利亚到叙利亚、以色列，暖期先后占据了上风，又从那里南下进入非洲。萨赫勒是紧挨着撒哈拉沙漠南部的半干旱地区，然而它最干旱的时期有可能和全球变冷的寒潮发生时间一致。在小冰河期，这一地区出现了灾难性的干旱。

在更靠南部和东部的草原地区，牧民依靠畜牧业生活。东非有史以来一直在经受干旱之苦，今天的埃塞俄比亚和索马里就是典型。埃塞俄比亚的河水供给尼罗河，导致了本国在一定程度上的干旱。从1180—1350年，经典的尼罗河洪水变得非常温和，在1220年，埃及饿殍遍野，死亡率居高不下。在1040年之后，东非大裂谷一系的湖水水平面都明显下降，其中即包括肯尼亚的奈瓦沙湖，以及主要与肯尼亚、乌干达和坦桑尼亚接壤的维多利亚湖，还有占据东非大裂谷一块狭长位置的坦噶尼喀湖。坦噶尼喀湖滋润着布隆迪沿岸、坦桑尼亚、赞比亚和刚果民主共和国。马拉维湖又名尼亚萨湖，滋润着坦桑尼亚和莫桑比克，以及与其同名的非洲国家马拉维的河岸。

暖期的西非不停重复着干旱的故事，影响最严重的恐怕是突如其来的旱涝年转换。在占据大部分区域的尼罗河三角洲，形成了以适应干旱和洪水状态的曼德文化。因为没有可靠数据，我们无法将西部非洲、赤道非洲以及南部非洲进行比较。

亚洲

青藏高原是一个寒冷干旱的高山草原地区，为游牧民族提供了稀缺的生存资源。像欧亚大陆南部的草原一样，西藏地区干旱期很长，从1073年一直延续到1375年，对牧民们的生活造成了负面影响。

在亚洲其他地区，除极北地区以外，高温多雨的季风气候制造了湿润的季节。这种气候从印度延续到东南亚，然后沿着中国沿海和菲律宾北上直到日本部分地区以及韩国，为亚洲所特有。在中国东部，950—1300年曾是一段温暖期，然而1125年左右却有过一次最冷的冬季。在中国南部，880—1260年间出现过干旱，湖水水位出现下降，但季风仍然起着重要的作用。西非也是如此，炎热时期最显著的影响可能就是雨水和干旱的周期转换加剧，而不是一场旷日持久的干旱。

太平洋海盆

有人认为太平洋海盆是一个完整的地理单位，包括整个亚洲东部、太平洋、南美西部海岸的全部范围。帕特里克·那恩（2007）向我们提供了一个总结，符合我们在其他地方所看到过的一切情况：普遍的温暖和干燥条件及受益群体。那恩提到，受季风影响的中国东部、塔斯马尼亚以及智利高原是其中的例外，此外他还提到了一件重要的事。我曾认为中世纪暖期的海平面上升威胁到了太平洋环礁地区的居民们，然而那恩却彻底反对这一设想。他断言，在当时海平面上升期间，没有任何证据表明太平洋岛群发生了什么重大社会变化。那恩还特别关注了千岛群岛（在日本附近）、帕劳、尤尔岛、图图伊拉岛（美属萨摩亚）、朗伊奥拉（库克群岛）、纽埃岛、豪勋爵岛以及加拉帕戈斯群岛。

不过显然这些都并不能排除比中世纪暖期更为炎热的时期可能带来的不利影响，假如海平面达到创纪录高度的话。

澳大拉西亚①

新西兰异常炎热的时期发生在1137—1177年以及1210—1260年。人们认为那时的新西兰和现在差不多一样热。这样一来应该不会对约从公元1000年起就生活在新西兰的毛利人造成什么影响。对于遭受了持续千年的严重干旱的澳大利亚，我们并没有太多的数据。然而，新南威尔士州海岸的沃里米沼泽显示出火灾数量增加的迹象，这正表明出现了异常炎热和干燥的情况。由于塔斯马尼亚的气象与澳大利亚大陆的气象有很大不同，它的中世纪暖期存在证据不足的情况并不重要。

美洲

在暖期，美洲的一部分地区经历了严重的干旱。大盆地包括从落基山脉到加利福尼亚一带总共100万平方千米的面积；那

① 澳大拉西亚（拉丁语：Australasia）：一般指大洋洲的一个地区，如澳大利亚、新西兰和邻近的太平洋岛屿。——译者注

里的住民们为了获得食物只能指望湿润年份（尽管并不十分湿润）提供的一线希望。从 935 年到 1300 年，相继出现的 4 个干旱期各自持续了数十年。人口被迫分散，撤退到正在收缩的湖泊附近。在位于洛杉矶西北部的莫哈维沙漠，情况更加危急，其中还包括南加利福尼亚部分地区（包括死亡谷）、犹他州、内华达州以及亚利桑那州。

新墨西哥地区的普韦布洛印第安人生活在半干旱区，依靠着有效的灌溉系统种植玉米和豆类。1100 年，普韦布洛印第安人建造了宏伟的建筑物“大房子”，现在还能在查科峡谷看到，这里曾居住着约 2200 人。在 1130 年，开始了一段严重的干旱期，淡水逐渐消失，最终普韦布洛人遗弃了生活长达 300 年之久的文化仪式中心——查科峡谷。普韦布洛人向北迁移，但是 1276 年的一场干旱可能持续了 23 年，这让他们不得不分布在少数能够保证有效水源供应的河流和湖泊残存区。

在东部，哈德逊河谷为纽约州的波基普西市及其大都市地区供水。从 800 年至 1300 年，河谷经历了一场持续干旱。干旱期同样也出现在美国东南部地区。

中美洲的玛雅文明因为缺乏降雨而崩溃了，不过这发生在 760—916 年期间，是中世纪暖期开始之前的事了。多亏了地下井能够让人们从井里汲水，以及 1100 年前后的一些湿润的年份，水和食物的供应增加了，北部尤卡坦地区的玛雅文明兴盛起来，直到自相残杀的战争使他们衰落下去，并且不得不在1519年面对西班牙人。无论如何，中世纪暖期在整个南美热带地区影响显著。安第斯山脉的奇穆文明承受住了1245—1310年间几次干旱的考验，不过那里属于另外一个气候系统，当那里经受着长达数世纪的干燥和寒冷时，欧洲正在享受着远胜于此的宜人气候。

过渡期：1300—1400

我已经说过，从中世纪暖期到小冰河期的转变是突然发生的，时间在1400年左右。不过我们别忘了，1300—1400年欧洲的气候非常多变，炎热时期和寒冷时期频繁交替，或发生在短短数月中，或1年，或7年，或10年。在中世纪暖期，欧洲北部和中部的人口翻了3倍：要是突然出现食物短缺，恐怕有数百万人将面临饥饿的威胁。在1315年，欧洲的春夏不同寻常的潮湿湿润，接之而来的是一个寒冷的秋天。大雨淹没了刚刚种下的作物新苗，幸存下来的大部分随后又被寒冷消灭。食品储备不足，只能勉强抵消单一歉收。1316年，大雨再次光顾，接下来的冬天非常寒冷，导致整个奥地利北部出现饥荒。人们开始吃草、猫、狗甚至鸽子的粪便。欧洲人口减少了10%，从8200万降至7350万。与此同时，作物收成仅仅在1322年恢复过正常。

大雨使得土壤肥力受损多年：土壤侵蚀破坏严重，约克郡广大地区的一半耕地都被破坏。随后黑死病发生了，从 1348 到 1485 年，仅在英国就发生了 31 次。1351 年，欧洲人口从 7350 万又降至 5000 万人。在 1351 年和 1352 年，恶劣天气和糟糕的收成进一步加剧了灾难（《语言学协会》1808 期，第 61—62 页）。幸好在本世纪剩下的时间里，欧洲的天气都相当不错。

全球变冷

1400 年之后，冬季越来越冷越来越长，植物生长的季节缩短。奇怪的是，有几个夏天却不同寻常的炎热。在 1400—1500 年，充沛的降雨导致农作物收获连续 10 年低于平均水平。人口仍然主要由农民构成，耕作主要是为了自给自足，食物短缺阻止了人口的增长。

在 1560 年之后，寒冷的气温和随之而来的暴风雪产生了深远的影响。冰川开始推进，只一年的时间，新西兰的弗朗茨·约瑟夫冰川就几乎推进到了海边。阿尔卑斯山和比利牛斯山的冰川在 1616 年左右达到盛峰期，直到 1850 年才开始出现显著的衰退。随着冰川开始融化，有些河流改道了，一些村庄因此被淹没，很多农民被迫放弃邻近的土地。直到 1624 年，整个欧洲都普遍存在歉收和食物短缺的情况。在大西洋，寒冷和干旱也占了上风。西班牙人从南卡罗来纳撤退，进入佛罗里达。英国人于 1587 年登陆北卡罗来纳的罗阿诺克，1591 年就销声匿迹了。从维吉尼亚半岛詹姆斯镇登陆的英国人成功地幸存下来（然而其中 80% 都在 1607—1632 年间去世）。切萨皮克湾、马里兰州和弗吉尼亚州之间的边界地区也都遭遇了寒潮袭击，在 1600 年严寒达到顶值。

最近的研究发现小冰河期影响范围还要延伸到南方。1400 年，墨西哥尤卡坦进入寒冬。智利的情况有些模糊：在普耶韦湖能看到 1490—1700 年间有降雨迹象，但是在更往北的地区，圣拉斐尔冰川直到 1750 年都没有推进迹象。在 1500—1800 年之间，非洲东南部的温度要比现在低 1℃，尽管在此之前曾是一段长达 50 年的酷暑。在 1600—1700 年，澳大利亚则经历了其历史上最冷的一个世纪。

在 17 世纪，欧洲开始向科学农业缓慢转型，由于粮食生产的改善，人口有了增长。尽管如此，1600—1750 年情况依然严峻。鲱鱼离开挪威水域，来到英格兰和荷兰水域，鳕鱼完全从北海消失。幸运的是，从大约 1450 年起，巴斯克人开始在加拿大海岸的泰拉诺瓦大堤上捕食鳕鱼，在 16 世纪，其他欧洲国家也开始效仿他们的做法。食品的短缺也成为一件好事，在苏格兰，2/3 的高地农场被遗弃。挪威开始减少农业耕种，决定加大船舶制造的投入。1695 年的寒潮令芬兰的人口减少了 30%，爱沙尼亚的人口则减少了 20%。在法国北部，葡萄园不得不被抛弃。在 1739—1740 年间，北欧全部的主要河流，除了荷兰的须德海之外都被冰封冻了。农民们因为冰冻走投无路。爱尔兰的土豆全被冻在地里，其人口的 10% 没能挺过严酷的寒冬。

从 1600 年起，荷兰人开始扩建水坝系统，并从北海争取土地。我一直认为气温更冷海平面更低会有利于沿海土地的增加，然而实际上荷兰很有可能在小冰河期经历了海平面的上升。在阿姆斯特丹，从 1700 年起人们才开始感觉到气温有所回升。然而即便在这个时期小冰河期也仍在统治欧洲大陆，海平面也许曾经下降过一点点。但恰恰相反，有证据表明，在 1750—1770 年间，海平面上升了 5 毫米（政府间气候变化专门委员会，2001）。到底发生了什么事?

大约 2 万年前，在维尔姆冰期，冰川靠在了一条穿越丹麦的山脊上。尽管冰川向南推进穿过荷兰，然而重心却依然保持在北边。冰川庞大的重量压低了位于支点北部（斯堪的纳维亚半岛）的领土。当跷跷板的这头向下倾斜，位于支点南部（荷兰和德国）的领土就随之抬升。就好像一个成人坐在跷跷板一头的小椅子上，将坐在跷跷板对面椅子上的孩子托高。自然，当冰川退去，跷跷板效应反转。在上千年间，斯堪的纳维亚半岛从海上升起，海平面相对下降；与此同时荷兰沉入海中，海平面相对上升。随着小冰河期气温持续降低，海平面下降的趋势愈发明显。而在荷兰这一现象仅限于减轻海平面上升趋势。当寒潮结束，从大约 1825 年起，气温逐渐升高，成为海平面提升的一个长期盟友。在 1900 年，荷兰海平面提高了 100 毫米（与 1700 年相比），到 2000 年又提升了 170 毫米。如今，两个相反的趋势（海平面上升与土地下沉）结合到了一起，致使荷兰面对着不同寻常的威胁。

正如我们所看到的，欧洲的气候并不是全世界的气候。可以说，只有 1590—1610 年间是全球普遍很冷的。这并不意味着比起其他地区，灾难更多集中在某个特定地区。在 17 世纪，中国、韩国和日本所吃的苦头要比欧洲更大：干旱和洪水交替出现，饥荒非常严重。

从 1850 年起，世界摆脱了寒冷期的控制，开始走入现在的暖期，但仍然保持着通常的地区性差异。1850 年，挪威、阿尔卑斯以及新几内亚地区（卡兹登兹金字塔高达 4884 米，是巴布亚新几内亚和大洋洲中的最高峰）的冰川普遍在消退，新西兰的弗朗兹约瑟夫冰川从 1865 年开始消退，喜马拉雅冰川从 1880 年开始消退。寒冷和作物歉收令比利时和芬兰所遭受的损失持续到 1867 年，并于 1876 年在印度和中国造成严重饥荒。英国从 1879 年起经历了一场长达 10 年的严寒，与此同时瑞士的严寒从 1887 年持续到 1890 年。同样在 1890 年，冰岛主要冰川之一的高度接近可观的 10 千米。在美国，新英格兰和切萨匹克湾直到 19 世纪气候依然非常寒冷，而位于美洲大陆西部的美国其他地区已经开始享受更高的气温。直到 1900 年更暖和的温度才在全球成为普遍现象。

对开篇问题的回答

我对问题的答案显而易见。如今的高温并非史无前例，全球变暖已经发生过几次，又随着时间推移被更寒冷的时期取代，其中都没有任何人类的干预。我们经历了格洛斯特的葡萄大丰收后又在泰晤士河上滑冰。我从没能成功了解气候究竟在多大程度上改变了世界历史，即便当初生活在海洋沿岸的人要比现在少得多，海平面的上升也夺走了很多欧洲人的生命。入侵欧洲的游牧民族显然当时并没有生态意识，但是实际上他们进行的是第一次为水源而战的战争。

第七章　曲棍球棒的故事

提问：

· 历史和科学是冲突的吗？

· 我们能够取得一致吗？

1850 年之前地球上的气候波动不能归咎于工业革命以及由此带来的大气碳排放。如果正统科学当初接受这一说法，并假设碳是根源因素，如今也许就不会有这么多怀疑论者了。遗憾的是，气候学家的参战号召看起来只是简单的忽略事实。

一个基于历史的气候重建

当进行天文学研究的时候，方法论也可以是完美无缺的，但是你还是需要能真正预测你从天空所看到的东西。当试图重建过去的时候，方法论看起来是无懈可击的，却有可能无法达到完成任务的高度；由于缺少能把我们带回数千年前的时间机器，因此没有方法能够直接验证我们对事实的解释。为此，久远事件直接目击者的陈述对我们而言就有着无法衡量的价值。

在第六章中我们已经看到中世纪暖期和小冰川时代在北半球大部分地区所造成的显著影响。从公元 900 年开始，我们观察到一个气温上升的趋势，这一趋势最先出现在格陵兰（发生时间与维京人的到来一致），与此同时在欧洲有一段从 1100 年起开始的稳定时期（当葡萄开始在英国茂盛生长时），并于 1400 年结束（当葡萄种植开始衰落时），接下来就开始了一段气候更冷的时期。这一画卷是基于直接证词勾勒的。

此外，我们对历史事件的了解，向我们证明了这两个时期并非只发生在欧洲和北极地区，也发生在欧亚大陆的草原地区、北美和南美的大片地区、中国的部分地区以及非洲的大部分地区。从与这一时期相关的历史事件中，我们看到了游牧民族的入侵，干旱期，尼罗河及其源头水源的干涸期，冰川的推进和后退，渔业的丰收和匮乏，农业的进步与倒退，海平面的变化，进入美洲的首批殖民者同逐渐加剧的严寒之间的斗争。南半球（主要是新西兰和澳大利亚）的历史文献太过匮乏，所以无法得出肯定的结论。

仅从北半球来看，我猜想中世纪暖期至少会和现在的气温一样热。在格洛斯特和挪威，葡萄又一次开始成长，然而情况却并不像当时那么简单，挪威人建议挨着朝南的墙壁栽种葡萄。我们并不确定当小冰河期最冷的时候是否要比现在还要冷。从 1408 年起，我们开始有了人们在泰晤士河上滑冰的证据，因此当时的温度应该至少要比现在低 1.5℃。这一猜测接近所有重建的共同考虑：在最近1200 年间气温变化大约为 1.6℃。可靠的历史文献从 19 世纪中开始出现，并显示在 1900 年气温开始朝着现今最高点上升（见方框 3）。

方框 3

当比较不同的气候重建时，会发现每一个气候重建都涉及一个不同的比例尺。因此就有必要确定一个精确的年份，或者一个共同的“0”点，以使其具备可比性。气温不能从字面意义上理解为零点，这只是一个数据，以便确认在这一数据前后不同估算值的变化差距。我将1919年设为“0”年，或者说，我调整了所有的数据，让它们能够和所有从1880—1960年间的气温重建保持一致。这意味着我的历史图表看起来是这样的：从公元900年起气温逐渐升高，在1150年左右达到+1.1℃的峰值；在1150—1350年间气温保持稳定；在1400年左右有一个明显回落，从1600—1800年期间气温稳定在−0.5℃；在1917年稳步上升至“0”，并达到如今的+1.1℃的峰值。读者们可能会想知道为什么所有的气候重建都始于1900年，或者至少是1950年：这是基于研究人员将自己的估计与从19世纪末开始有实际测量的温度调整一致的事实。

曼恩与“曲棍球棒”

我的历史气候重建图相当粗糙。图15展示了一个“高原”（中世纪暖期），后面跟着一个宽阔的“山谷”（小冰河期），然后又重新抬升延伸到另一个“高原”。我在这里只提出一个任务：是否存在一个科学的气候重建，能具体解决中世纪暖期和小冰河期是否实际存在的问题？

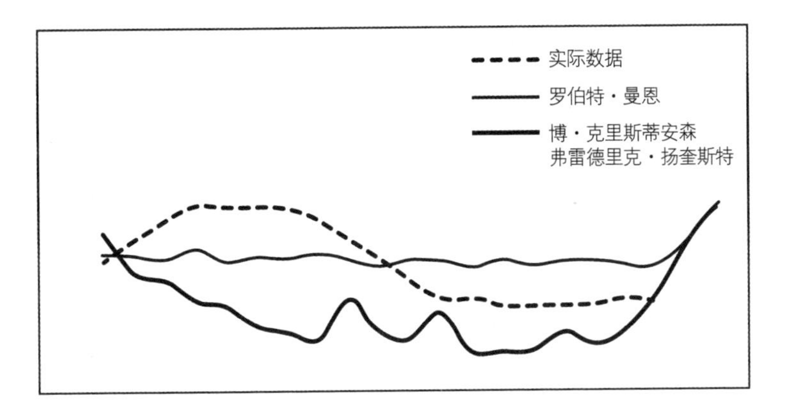

图 15　气候重建图

在图 15 中，虚线代表着北半球温度的历史气候重建；细线代表着罗伯特·曼恩（1999）的气候重建；粗线代表着博·克里斯蒂安森和弗雷德里克·扬奎斯特（2011）的气候重建。正如我们所见，曼恩的气候重建实际上否定了中世纪暖期以及小冰河期的存在，显示表明，在 1900 年之前气温稳定不变，而从 1950—2010 年期间气温的上升显得如此戏剧化，毫无先例。就像一个球铲部分翻转朝上的“曲棍球棒”。这一描述取得了极大的成功。那些质疑曼恩的人，就如我之前的学生艾恩斯利·凯洛（2007），都遭到了严厉的攻击并被指责为蒙昧主义。然而实际上曼恩的气候重建和任何历史关联都非常遥远，我看不出来它怎么会受到如此热情的欢迎。

不过根据最新的研究结果，这一苛刻的评价确实应该稍微缓和。正如图 15 显示，克里斯蒂安森和扬奎斯特（2011）使用了一个非常广泛的间接数据基础来估计北半球气温，尽管他们的方法看起来非常精确，然而所得出的结果却几乎和曼恩的一样奇怪。他们的线条（粗线）捕捉到了小冰河期（尽管结果显得有点太冷了），但是他们的中世纪暖期所显示的一些峰值有点太早了——在公元 1000 年左右就出现了。此后气温急转而下，让人不由怀疑在 1100—1300 年间描述当时气候的欧洲人曾有过集体幻觉。

兰姆与黄少鹏

现在我要向你们介绍休伯特·贺拉斯·兰姆。兰姆是一名贵格会[①]教徒，在第一次世界大战期间拒绝进行神经毒气的研究，是一位伟人。正是他引入了中世纪暖期的表述，并绘制了小冰河期的图表。他对北半球气温趋势的估计是根据降雨、洪水、暖冬的数据以及相关历史时期百科全书式的研究而完成的。自然，他的研究令我的历史气候重建图黯然失色，那是一份真正的气候重建图，展示了我所使用的粗略参数中缺少的细节。

① 贵格会：又称“公谊会”或“教友派”，是基督教新教的一个派别，成立于 17 世纪英国，创始人为乔治·福克斯。——译者注

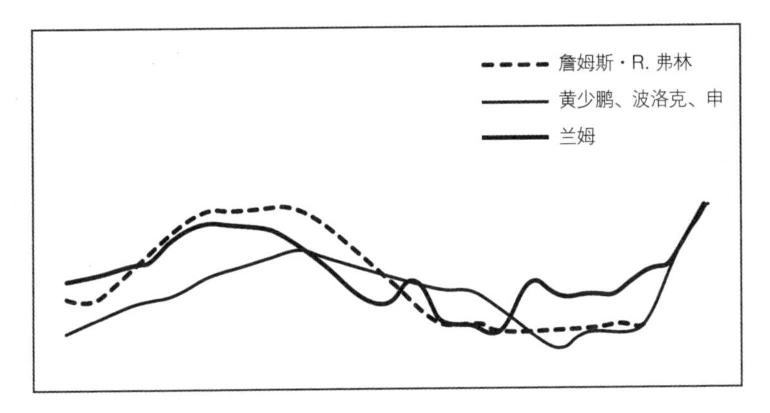

图 16 气候重建图 2

在图 16 中，虚线的部分依然是我个人制成的气候重建成果。粗线部分则是兰姆绘制的北半球气温趋势。细线部分则是由黄少鹏通过上千次钻孔取样在最近完成的全球气温重建，表明我们终于获得了能够反映历史、基于与遥远时代相关的科学信息的气候重建。这些科学信息都是通过间接手段（科学代用指标）获得的。

黄少鹏的数据线记录了中世纪暖期的开始。不过黄少鹏的数据线从 1150—1250 年那一段位置过低，似乎仅仅从 1300 年开始才符合了实际的历史情况。他估算的气温最高值比现今气温低大约 0.5℃，与此同时我个人认为中世纪暖期和我们现在的气候同样炎热。从另一方面，黄少鹏为小冰河期收集的数据是几乎完美的，尽管他将峰值放在了大约 1650 年的位置而不是

1500 年。然而这一时期的开始时间是很有争议的，因此这样也没有错。

我们必须考虑到这样一个事实：黄少鹏的气候重建是一个全球趋势描述，考虑到了两个半球的情况，而我的气候重建只关注了北半球的情况。正如我说过的，也许中世纪暖期以及小冰河期对南半球的影响没有北半球大，这就解释了为什么黄的估值要比我的估值低一点，特别是在有关寒潮峰值方面，而（在平均值）又比我的最低值稍微高一点。重要的是在黄少鹏的气候重建中包括了这全部两个时期，并且相互对应得非常好。

代用指标是什么

我之所以认为黄少鹏要比曼恩、克里斯蒂安森、扬奎斯特做得都好，是因为他只用了钻孔取样的结果，而其他人则使用了五花八门的方法。我希望这一认可能够唤醒你们更想了解科学方法的愿望，来学习更多科学家们重建最近地球气温历史的方法。研究人员们使用“代用指标”，也就是那些在一定时期内和气温冷热有关系的因素。在代用指标的例子中，有树木生长的年轮、珊瑚、沉积岩的岩层、花粉化石、冰芯以及钻孔。

——树木生长的年轮通常在炎热时期更密集而在寒冷的时期

更稀疏，这可以提供关于过去千年的猜测。不过生长缓慢（年轮稀疏）也有可能是由于气温过热带来的干旱而非寒冷。实际上有证据表明树木生长的年轮是1960年后气温记录的常见指标。

——有些珊瑚具有每年生长的环带，可以提供关于海洋温度的估算值，其作用类似于树木的年轮，不过年轮提供的是空气的温度信息。这些珊瑚会形成环状礁，其上半部分是死的，露出水面，然而绝大部分浸在水下，是有生命的。分析它们的生长环带能够提供对海平面变化的猜测。珊瑚礁的生长年轮具有和树木生长年轮类似的问题，它们所能提供的回溯时间长度只有不到200年。

——湖底有一层层沉积物，叫作“纹泥”。每条河流流淌时都会带着沙子、岩石碎片和土壤，最后它们沉积在湖底，以这个角度看，最好的河就是那些贫氧或者完全不含氧气的湖，因为这样一来动物就无法在湖里生存，无法把湖底的沉积物搅乱。被河水带到湖中沉积下来的混合物的成分由夏季气温、冬季降雪以及年降雨量决定。同样，我们很难把气温影响与降雨量影响区分开来。

——所有开花植物中都含有花粉粒，可用于分辨产生它们的植物的种类。它们也会被保存在池塘、湖水或海洋的水底沉积层当中，可以通过分析花粉粒来了解在其他沉积物沉积的时候哪种植物正在生长。因为我们知道哪些植物可以在特定的温度下生存，植物生长过程中的变化向我们提供了时间推移中气温变化的画卷。化石花粉可以追溯上千年，不同植物品种对不同气温的承受能力不同，显然这是一种比年轮好太多的间接信息。

——冰芯是最好的代用指标。最深的钻井能为我们提供80万年前的信息。虽然在数据和预测上有很多问题，但还是有效的方式。比如说，困在冰中的气泡保存着关于过去大气的信息。雪中重氢（氘）的平均含量和地表平均气温直接存在着一定关联：被捕获的氘越多，当年的温度就越高。冰中所含有的氘浓度和被捕获的气泡中的CO_2的水平也有关系，这为我们提供了又一个衡量尺度。所有这些都无法证明是大气中的二氧化碳造成了气候的变化；也许会是气温决定着二氧化碳的水平。只有在有极地冰或者阿尔卑斯山冰川的地方，冰芯才能告诉我们关于当地的信息。

——钻孔的优势在于，世界各地挖出的上千个深度足够的冰芯能为我们提供一些上千年前的信息。钻孔需要在那些地下土壤温度没有受到周围城市或是农业活动影响的地方进行，而且不能与地下资源或是地质变化有接触。此外还要考虑地球内部的热量对它的影响。因为我们所研究的过去越遥远，所得到的测量结果就越不准确。然而很多地质学家都认为，钻孔是最佳的代用指标，它是我们在极地之外地区的最好选择。地表温度以恒定速率向下发送热量波，随着时间的推移，每一次新变化的气温都会向地下发送具有鲜明特点的热量波。当一个热量波下降时，并不会污染之后的热量波，但也永远无法追上它前面的热量波。钻孔的方法包括寻找适合的孔，一边时不时测量地下土的温度（土壤或者岩石），一边进入地下土中，从现在越来越深入地探索过去。

让我们想象有一系列电梯进入一个非常深的孔，一年下降一台，连续下降一千年。每一个电梯都带着一个温度读数（热量波的温度），这正是从地面下降时的气温。从一个与这个深孔平行的井中，可以立即下降到想要的深度。我们所需要做的就是下来看一眼所有其他的电梯，一个接一个地，把温度记好。这就是为什么比起克里斯蒂安森和扬奎斯特的调查方法来说我更喜欢黄少鹏的（使用了钻孔取样）。为了估计回溯至公元 1000 年的情况，克里斯蒂安森和扬奎斯特使用了 11 种不同的信息来源。其中 4 个是树木的生长年轮（所提供的结果总是有点不确定），另外 4 个则是冰芯，不过全部都是从在格陵兰和加拿大北部之间延伸的冰川得来的。这两个地点提供了众多强有力的极地数据，别忘了那里的中世纪暖期结束得要比欧洲早得多；而这正好是他们的气候重建所展示的。两位作者所使用的另一个数据是来自切萨皮克湾的沉积物，最后两个则是中国方面基于多种不同代用指标得出的研究结果。我不想成为教条主义者，但是我记得钻孔数据提供的结果要比其他所有代用指标的都更可靠。

对开篇问题的回答

第一个问题：在“曲棍球棒”气候重建中，科学和历史看似是相互冲突的，因此批评者的怀疑主义是合理的。然而黄少鹏证明科学和历史是可以相容的。第二个问题：所有这些都意味着能够在数据上找到更大的共识。有人反对说，一旦确定大气二氧化碳的浓度在增加，并且制造了水蒸气，近代气候史将变得没有意义。好吧，如果想要说服怀疑论者接受正统科学，这就并不是没有意义的。要想和他们争论，最好有所准备。

如果能在近1200年的气温变化这一赤裸裸的事实上达成一致，就意味着我们能够把“曲棍球棒”扔进历史的垃圾桶，稍微和解科学和历史之间的巨大争议，即便我们无法成功弥合过去出现过的所有分歧。恐怕只有当接下来十几二十年中，气象事件接连发生、究竟当初谁对谁错终于能有清晰定论的时候，一切才能重新开始。

尾声　对人类的美好愿望

当我开始着手这项任务的时候，我很荣幸地发现无论是在新西兰还是海外（特别是意大利），我的很多朋友、同事以及记者都对我要得出的结论很感兴趣。我希望那是因为他们觉得我祝愿人类好运，能用开放的头脑来面对争论。没人敢断言自己不会先入为主，而我又是一个出了名的社会民主党。不过我学习气候变化的动机和我的意识形态没有任何关系。我仅仅是出于好奇，想了解一个看似无比重要的话题并学习一些东西。尽管我的朋友们在“大问题”上分为两派，我还是得承认我怀疑气候变化这一点具有重大意义，虽然我大部分的发现都显示这是一个令人讨厌的惊喜。我不想下结论说某一种气候工程的形式是有必要的。作为一个曾经警告学生们不要过分追求物质主义，并支持无增长经济

（一种新型的社会，致力于追求真实、美以及社会正义）的人，我发现了一个不令人愉快的结论，对于世界贫困人口以及世界人口规模有限的空缺而言，最大的希望就是一个能够保持住当前水平的持续增长的经济。谁能想到我居然会试图寻找一种可以让全球生产力提高 30 倍的方案！

如果人人都来读这本书当然令人欣慰，不过可能大多数人都有事情要做，没办法为我的书腾出空来。如果你们认识那些不想浪费时间操心古怪气候的人的话，告诉他们留心三个特别容易关注又能引起紧迫感的事态发展。

首先，值得关注格陵兰岛以及西部南极洲冰川衰退（而不会被海冰的蔓延所催眠）的年度数据。正如我们已经看到的，在当今，由于有了重力恢复及气候试验卫星（Gravity Recovery and Climate Experiment，简称“GRACE”，由美国国家航空航天局送上太空轨道），我们可以进行不容置疑的监控。在接下来的 10 年中，它会给我们带来很多信息。我预计每年极地冰川融化量将在 2024 年从现在的每年 300 兆吨增加到将近 500 兆吨，除非有人会跑到冰川下面去扎营生火，使得冰川比预期融化的更快。这是预示我们的气候没有好转的最可靠信号。如果我说的是真的，那么就应该紧急派出沙特尔的舰队。

其次，请留意世界生产力是否持续以每年超过 3% 的节奏增长。如果这一现象存在，只有采取更大规模的节能减排工程才能避免动用某种气候工程进行干预的必要。

尽管我相信这样规模的削减在政治意义上并不是至关重要，不过想要验证我的悲观很容易：只要读一下政府间气候变化专门委员会（International Panel on Climate Change，简称“IPCC”）的报告摘要就行了，在网上都能够找到。这会为你们提供有关全球工业发电厂的最新消息，以及我们是否在着手实行符合减排的目标的动态。

有人放弃了任何能够影响地球气候的希望。詹姆斯·洛夫洛克在出版《盖亚》（*Gaia*，1979）时成为一个环保主义英雄，他在书中主张地球是一个能够自我调节的系统，当今人类在其中扮演着关键性的角色，这不仅仅是因为人类行为所造成的影响，更重要的是因为他们的自我认知。在他最近的一本著作《坎坷不平的未来》（*A Rough Ride to the Future*，2014）以及随后的采访中，洛夫洛克嘲讽对于抵抗气候变化的努力，并建议人们撤到气候有所控制的城市，放弃广袤的田野，因为那里注定将会变得不再适合居住（对于发展中国家来说并没有太多的希望了）。洛夫洛克已经准备接受人类就像地球上其他所有物种一样——生命有限的事实：顶多我们可以从有机生命体形式转移到电脑化生命体形式。

2014 年 4 月 16 日，看电视的我发现了一个破坏性的情况，那一年 IPCC《气候变化报告》作者之一向公众提供了人类可以避免跨过“无法回头的点”的希望：将2010年的温室气体排放水平（比现在的水平要低很多）在2050年前逐渐减少到40%~70%。这个绝对空想式的盼望已经把一大批宜居地球支持者推向绝望。不过我不认为我们应该绝望，无论如何，希望只在于：让政治精英们能够放手做出努力而不会冒着在民众中政治自杀的危险。

我所建议的步骤不会强迫我们付出能力之外的代价。请让我用最合适的形式来提出建议，因为每个人都能做出自己的贡献。我想将这一建议献给我的新西兰同胞们，不过这可以当作一个模板，对生活在发达国家的任何人来说都是可以接受的。我们每个人都应该向我们的政府施加压力，从而：

（1）敦促联合国将沙特尔的30条船投入海中（为了制造海洋泡沫），费用不会超过1亿美元。联合国及其所有机构每年花费大约300亿美元，因此这一数字只占他们年度开支1%的0.3%。

（2）在联合国基金中分配一笔数字合理的款项，补偿给那些同意不开发亚马孙热带雨林的国家。如果这笔费用需要在美国、欧盟和世界其他发达国家之间按各自GDP来分配的话，我的祖国新西兰应该负担1500万美元。如今新西兰每年花在海外援助上的费用是5.5亿新西兰元（相当于4.74亿美元）。为了提高公众意识，政府应该对每升石油征收1美分的附加费，用这种方式来引起全国性的关于气候变化的辩论。这一收税将创造

2000 万美元税收，远远超过需要。

（3）引入补贴用生物炭（主要用于农业的植物碳）替代富含氮和磷的肥料。如果将补贴定在每吨 100 美元的话，100 万吨（占全国总量的 25%）将耗资 1 亿美元。新西兰在农业方面的年度总支出约为 3.5 亿美元，因此在这种情况下，支出将大幅增加。不过这只占政府总支出的一小部分，其预算在每年 800 亿美元以上。

（4）同挪威渗透压清洁发电厂的专家们进行联系，我指的是奥伊斯坦等研究者，他们在他们的开创性文章《基于渗透压的电力生产》（*Power Production Based on Osmotic Pressure*，2009）中，讨论了生产这种清洁能源的初步条件。我们应该对新西兰的每条河流都进行可行性研究，河流的平均流量（以及最低流速）非常重要。不过奥伊斯坦估计挪威的河流大概能够提供该国所需能源总量的 10%，这是新西兰的 3 倍。多少新西兰的河流能够通过这个测试呢？也许克鲁萨河能行，它的平均每秒流量有 533 立方米，怀卡托河的流量能有每秒钟 340 立方米，等等。

至于对个人的倡议，很多非常富有的人可以为国际私人基金出一份力（如果沃恩·巴菲特或者其他慈善家可以接管就好了），以便在安全的基础上进行氢融合研究，或者至少把美国的科学家们从他们的年度噩梦中解救出来——美国国会停止项目资金的危险。无论如何，人们现在已经可以尽可能尝试“绿色”的生活方式了：个人所节约的能量已经要远超过任何《京都议定书》倡议的。

那些关心全世界的人们应该试着形成一个协议共同体。在19世纪国际社会关于奴隶制度不道德的国际共识就让奴隶买卖活动无法招架。不过另一方面，很遗憾，如今政治反对在气候上达成共识，因此我们应该试着将它搁置一边。有些右翼政治家将全球变暖视作一场为了精确政治议程服务的阴谋，一个旨在赋予联合国更多权利，破坏国家主权并实现自由市场监管的阴谋。而左派则认为狂热分子如此依附于自由市场的意识形态，以至于他们成为愚昧主义者、科学的诋毁者以及人类的敌人。

我试着向怀疑论者们证明存在理由，至少是部分充分理由，来拒绝对他们的指责。事实上我相信他们在很多事情上都有道理。大约800年前，气温（至少北半球的气温）像现在一样高，这一情况发生在人类开始向大气大量排放二氧化碳之前。在1850年前的1000多年中，尽管二氧化碳水平是稳定的，气温也还是会在1.6℃的范围里波动。在过去这6亿年中，由于大陆漂移的存在，大气二氧化碳和气温变化之间基本没有相关联的关系。然而其他因素影响地球气温的事实并不意味着碳就不会成为一个影响因素。为了证明这一点，我们需要找到一段大气二氧化碳产生明显变化而且没有被其他因素干扰的时期，然而我们在这方面的搜寻毫无收获，而过去的800年的历史已经是我们所能找到的最好资料了。

这本书不会大量缩减怀疑论者的队伍，他们中的大部分将会继续否认碳的作用和不可避免的气温上升。不过我只希望能向这个争论中注入一点人性。作为第一步，我想从另一个尚未得出结论的争论中借用一则小故事，是关于苏联在冷战时期的争论的。我的一个朋友说："我们假设你说得有理，斯大林的野心确实受到现实的约束。可如果你承认你也许错了，并且最终证明你真的错了，那后果将会很可怕。因此，最好做最坏的打算来武装好自己，并等待苏联真正显现出对和平的意愿。"这是一个强有力的论点！毫无疑问，没有任何怀疑论者能够先验地排除我们的警告确实有道理的可能性（即便他们认为这极不可能）；因为如果我们是对的，那么后果将会非常可怕。

在缺乏共识的情况下，只要能够满足"不伤害"的道德原则，难道不能对我提议的步骤先采取一致行动吗？也许有人会问："不伤害谁？"显然有些国家能从全球变暖中短暂受益，俄罗斯就有可能是其中之一，它刚刚才要求政府间气候变化专门委员（IPCC）在报告中包括一条关于气候工程的"保证条款"！怀疑者们可能会说这是白浪费钱，但是我的提议真的是一个非常经济的战略。为什么我们不把它看作一笔应付的保险费？这将会是一笔很便宜的费用，怀疑论者们可能会很友善地接受入保，就算只是为了让他们惊恐不安的邻居安心。

至于氢融合的研究，谁会不欢迎一种实惠而且不会耗尽的能源呢？无论是对自由市场的经济还是对斯堪的纳维亚的社会民主党人都会非常有用。清洁能源是保持持续增长、减轻贫困、限制人口发展的基础，应该受到所有人的欢迎。如果煤炭和石油储量耗尽，开采成本越来越高，从现在起就开始未雨绸缪而不是被迫临时着手又有什么害处呢？就算认为碳和全球变暖毫无关系，但是这一点毫无疑问——它无论如何都会污染海洋，因此我们大家都应该思考一个代替方案。

我不想说反对进步的心理完全来自否认气候变化的人，甚至一部分最警觉的环保主义者也为此出了一份力。我和他们交流过，发现他们经常会把气候工程形容成一个“创可贴”，这是置“中心问题”于不顾。因此他们认为这一技术适得其反，只是一项国家用来证明他们对减排的尝试宣告失败的权宜之计。

这些人愿意面对科学现实，却面对不了另一种现实。他们在政治上和经济上都很天真，谴责我们正在做的事情遭受的失败，更糟的是他们还没有意识到，最优秀的气候学家们（比如汉森）已经宣告认输。因此，让我们再重复一次：就算是最剧烈的减排幅度也不会让我们在短期内就远离“无法回头的点”，除非能有一种阻止气温升高的气候学技术在同时起效。在一场只有相互帮助才能取胜的战斗中，肯定谁也不会认为气候工程的存在适得其反。可以用两句话就把这本书的全部信息都包括进去。如果必须把生产力扩大 30 倍，你们想想看，但必须是认真地想想看，在 2100 年我们的能源得有多清洁。现在再想一想是否有必要做点什么全新的东西来延迟气候变化的时间。

这个主题太过重要，不能将它拖入谩骂的阵地。我们中的每个人都想了解真相，但是就像经常发生的那样，真相是模糊不清的。我们必须将彼此看作是需要承诺和善意的人类，而不是只能相互攻击。对那些想着自己在“无法回头的点”到来之前就会死，认为不用为了未来的世代操心的人，我无话可说。那是一些向人类宣战的人。他们无视未来世代的福祉，正如他们无视如今众多民众的痛苦。

附录1　词汇表

我将一系列内容相互联系的单词归纳分组并取了小标题，这样一来就没有按照字母顺序排列。不过因为标题并不多，而且所有的单词都是小型大写体，查找起来应该很容易。读者找到与自己搜索内容相关的标题应该就能找到相应的单词。

大气碳含量及其影响

Carbonio atmosferico e suoi effetti

二氧化碳 / 碳的二氧化物

ANIDRIDE CARBONICA (o biossido di carbonio)：化学分子式为 CO_2，由一个碳原子和两个氧原子组成。当碳进入大气

后，与氧键合，形成 CO_2，令大气升温。

水蒸气

VAPORE ACQUEO：水的气态。相对比较常见，可以通过蒸发连续产生，并通过冷凝去除。气温升得越高，大气中所能容纳的水蒸气就越多。当 CO_2 令大气升温，就导致大气中水蒸气总量增加，而后者又成为导致全球变暖的关键角色。CO_2 和水蒸气结合的效力要比单独 CO_2 的大 4~10 倍。

二氧化碳浓度

Il VOLUME DEL CO_2：大气中的二氧化碳浓度用 ppm 来测量，或者称为百万分率。400 ppm 意味着大气的每百万分子中有 400 个是 CO_2 分子。

二氧化碳重量

Il PESO DEL CARBONIO：通常只以碳原子本身的重量衡量而不考虑 CO_2 分子中所出现的氧原子的重量。通常以兆吨 GIGATONNELLATE 表示：1 兆吨等于 10 亿吨。大气 CO_2 的体积可以通过乘数 2.08 来换算为大气碳质量：假设大气中含有 400 ppm CO_2，则有 832 兆吨碳。乘数取决于大气维度。

二氧化碳总重量

IL PESO DEL CO_2：即碳原子和两个氧原子结合的重量。这需要使用不同的乘数计算，在这种情况下就和大气维度没有任何关系了，而是基于 CO_2 的化学分子式。一个氧原子要比一个碳原子重 1.33 倍；因此将一个碳原子（1.00）与两个氧原子（2x1.33=2.67）相加，我们所得到的 CO_2 的重量就是单独碳原子的 3.67 倍。换句话说，当一定量的碳释放到大气中，可以使用乘数 3.67 来计算将会产生的 CO_2 的重量。因为（目前）大气中单独碳原子的总重量是 832 兆吨，用这个重量乘以 3.67 的话我们就得到大气 CO_2 的重量为 3053 兆吨。

在阅读相关主题的文章时，这些换算会很有用，不过在关系到全球变暖问题时，唯一所需要担心的只有大气 CO_2 的 ppm：500 ppm 是一个非常不祥的数值（见后面“无法回头的点”）。

碳，所构成的能源

Carbonio, energia fondata sul

天然气

GAS NATURALE：当埋藏在土地中的植物、气体和动物层连续成千上万年暴露在高热高压时就会形成天然气。有时天然气会从土壤中泄漏：从公元前 500 年起，中国人就使用竹子做的管道来运送天然气，主要是用于煮沸水和提取盐。通常天然气存在于深岩层，常常会在碳或者石油的附近，常被用于取暖、烹饪和发电。

甲烷

METANO：天然气的主要成分，化学分子式为 CH_4，也即是一个碳原子与四个氢原子键合，这意味着它比诸如木材、炭、石油等其他基于碳元素的能源更加“清洁”，当那些能源燃烧时每个氢原子会释放出更多的碳原子，氢气不会造成任何损害。甲烷也是一种温室气体，然而我并没有在这里单独分析它，因为使用天然气时燃烧所产生的次级产物只有碳；和所有碳一样，它会在大气中立刻形成 CO_2。

石油峰值

PICCO DEL PETROLIO（或者石油产量，油峰 peak oil）：指当石油储量下滑，世界石油产量也开始同时下滑的时刻。不过这一表达经常用来指代更广泛的含义，表示以碳元素为基础的世界燃料资源的枯竭。不久前人类还认为资源将很快枯竭，而现今大量天然气资源被发现，就在以色列沿岸。当岸上的冰雪融化时，原本覆盖其下的煤炭矿藏也将具备开采条件。新的液体石油储备也相继被发现，不过和这些同等重要的是，如今我们所拥有的开采技术令石油资源的开采成为可能，这些石油资源一度曾被认为无法利用。

页岩油

SHALE OIL：这一名称指的是被困在某些岩石（比如油页岩）间隙中的庞大数量的高质量原油，原油无法在这些岩石间自然流动，因此导致开采成本相对较高。

定向钻井

TRIVELLAZIONE DIREZIONALE（directional drilling）：开采页岩油所需要的技术。利用钻井设备钻一个孔，或者一个“井”，通到原油（会有一个结构图显示寻找原油的位置）。

水力压裂

FRATTURAZIONE IDRAULICA（fracking）：同样是开采页岩油所需要的技术。利用水压使一种通常为水、沙子和化学物质混合体的混合物从定向钻井钻得的井中下降，压裂（正是术语“水力压裂”的来由）深层岩石，使石油流入井中，并从井中被提升到地面。

油页岩

Il OIL SHALE（沥青页岩甚至石油页岩）不同于页岩油。它是一种富含在岩石（任何一种岩石，不仅仅是页岩）中的有机物质。为了得到它们需要在岩层上钻孔（直到 300 米深度），并利用钢缆给存有油页岩的区域加热，以便 3 年后有机物质转化成石油，能够被提升到地面。

气候，变化开始的时间

Clima, data di inizio del cambiamento di

在全球变暖作用下，某一特定时间之后最冷的年份也要比 2000 年之前最热的年份更热。针对这一时间点究竟会是何时还尚有争论，因此接下来这个例子仅仅起到解释概念的作用。有研究人员认为纽约这一变化的开始日期会在 2047 年。如果他们是对的，那么 2047 年之后的每一年都将比该城市自 1860—2005 年间有记录的最热年份还要更热。当这一时间点发生时，动物和植物物种都不得不向北迁徙或者努力适应环境。

气候史

Clima, storia del

冰河期

Le GLACIAZIONI：极地冰盖占领地表的时期。极地冰帽很少会完全消失（最近一次发生在 5500 万年前）。在最近 100 万年间（而不是之前），冰川峰值（冰川扩张到最大的时候）大约每 95000 年发生一次。

维尔姆冰期

La GLACIAZIONE WÜRM：末次冰河期，在距今大约 20000 年前达到极盛。当时极地冰川在地球北部最远覆盖到美国中西部以及欧洲的大部分地区。维尔姆冰期被看作是第四纪的最后一个冰川时代，不过“冰川时代”这个表述经常会被滥用，最好还是使用术语“冰河期”。

间冰期

INTERGLACIALE：冰川收缩的时期。在维尔姆冰期，严寒在大约 12000 年前逐渐缓和。现在我们就生活在一个间冰期，不过这并不意味着气温就不能有所变化并引起麻烦。

米卢廷·米兰科维奇

MILUTIN MILANKOVIĆ：塞尔维亚数学家、天文学家和气候学家。他的理论为从地球、太阳、行星的相对位置变化方面解释地球长期气候（特别是冰河期）奠定了基础。他所假设的因果因素在第一章有介绍。

（气候）代用指标

I PROXIES（间接信息）在气候史上是用于估计过去气温的一种手段，直到距今 80 万年前为止的气温估计都是有据可循的。相关讨论在第七章，不过其中有些名词的解释可能还需要进一步修订，修订后的内容如下所示。

冰芯

Le CAROTE DI GHIACCIO：可以通过深入钻取南极、格陵兰以及其他高山的冰川取得，是最理想的间接信息之一。冰芯可以在不同高度钻取，钻取深度越深我们通过冰芯所能估算的气温的所属年代就越古老。雪中重氢（氘，参见下文“氢，融化”）的年含量和地表平均年气温有相互关联：当雪中含有的氘浓度越高，当年就越热。

钻井

POZZI DI TRIVELLAZIONE：地下挖的井。这些井可以是地质学家们挖出来的，不过很幸运的是大部分都是业已存在的，被用来提取水、石油和天然气。这些井很重要，因为地面温度会随时把“温度计读数”发送到地下深处。

热浪

Le ONDE TERMICHE：地面温度发送的结果，每一个都与众不同。随着时间的推移它们会持续存在，随着在井中下降位置越深，所传递的信息也就越古老。若想作为有效信息，钻井必须位于地面温度不受城市的存在、农业活动、地下水源以及地质变化干扰的地方。由于还要考虑地下深处热量上升的影响，因此时间推移越靠前，结果就越不准确。

大陆漂移
La deriva dei continenti

板块构造

La TETTONICA A PLACCHE：将地球最外壳（地壳以及上地幔）分割成小碎片，就像拼图的拼块一样。主要的板块拼块有8个。

大陆漂移

La DEFIVA DEI CONTINENTI：板块移动（有时相互碰撞，有时彼此分离）的理论。大陆漂移在数百万年的时光中创造并摧毁着大陆。有时候板块会聚合成一块超级大陆，有时彼此分离，形成被海洋分隔的不同大陆。如今我们正处在一个大陆分离阶段，地球上共有 5 块不同的大陆。大陆分布导致了极地冰盖的形成与否。最佳的情形是大陆自北极到南极间排成一排，两极各有大陆块分布。我们如今的情况就相当接近这个情形，除了格陵兰岛并不是在北极而是在稍微偏南一点儿的地方之外。

罗迪尼亚大陆

La RODINIA：10 亿年前地球上存在的唯一一块大陆，并且陆地没有任何一部分接近两极之一。在距今大约 7.5 亿年前罗迪尼亚大陆分裂，尽管分裂后的几块大陆稍后可能又短暂重新聚合，在距今大约 6 亿年前形成超级大陆潘诺西亚，然而在 5.55 亿年前彻底分列成 4 块大陆。

盘古大陆

La PANGEA：在潘诺西亚大陆之后再次形成的超级大陆，存在于距今 1.5 亿年至 3 亿年前，这块大陆也没有任何部分接近极地。大约 2 亿年前，盘古大陆开始分裂成两块。

欧亚大陆

L’EURASIA：盘古大陆分裂成的两块大陆中的一块，也是现今南美大陆和欧亚大陆的前身。

冈瓦纳大陆

Il GONDWANA：盘古大陆分裂出的另一块大陆，包括现在位于南半球的广大大陆（南美洲、非洲、南极洲）。

核试验，全面禁止条约

Esperimenti nucleari, trattato per il bando totale agli

全面禁止核试验条约（Comprehensive Nuclear-Test-Ban Treaty，CTBT）的签署国一致同意：无论实验是出于军事目的还是民用目的，都希望避免在任何环境下进行任何类型的核爆炸。美国总统在1966年9月24日签署了条约，然而国会却从未批准通过这个条约。不过美国目前的政策趋势是尊重它的规定，也即“在条约背景下”避免核试验。它允许当局在实验室进行模拟实验，这一研究的其中一项副产品就是国家点火装置（National Ignition Facility，NIF）试图用氢的聚变（参见第五章和图11）来制造无碳能源。

水体富营养化

Eutrofizzatione：一种起源于碳酸磷和活性氮结合的现象，能将湖水或池塘水转化成一个“死亡区”。实际上，由于富含这两种元素的肥料促使藻类不受控制地增长，当它们死亡时会导致氧气大幅减少，这对于大多数水生生物形式都是致命的。

氢，聚变

Idrogeno, fusione dell’

如果我们能够创建一个装置，可以只从氢中获得能源，那么我们就能获得清洁能源（不再产生向大气排放碳的次级产物，也不再产生从核装置泄漏的辐射性次级产物）。为了做到这一点，我们试图压缩氢的两种形式的冷冻混合物，名为氘和氚，从而使它们迅速爆炸。

氘

DEUTERIO：重氢。它的核心包含一个质子和一个中子，而普通氢原子只包含一个质子。

氚

TRITIO：是氢的一种更重的形式，它的核心包含一个质子和两个中子。

氦

ELIO：当氘和氚聚变在一起就产生了氦。它的核心包含两个质子和两个中子。围绕着它的原子核运行着两个电子。这是恒星内部创建能量的过程。请注意在这一过程中任何基本粒子都不会丢失。氦（加上一个额外发射的质子）所拥有的质子和中子数和原始混合物的完全相同：它拥有两个质子和三个中子（你们自己算一下）。但是为了获得能量转化它必须“失去”一些质量，这是因为在转化过程中原始质子失去了它们自身质量的大约 0.7%。

伽马射线

RAGGI GAMMA：氘的原子核同氚的原子核聚变时产生的能量。这一聚变也产生中微子 NEUTRINI，不过并不计算在内，因为哪怕和亚原子粒子的标准相比较，它们质量的稳定上限也实在太小。至于氦的两个电子，它们在能量产生的过程中没有任何作用。

气候工程

Ingegneria climatica：旨在减少全球变暖而对地球气候系统进行的有意和大规模的干预。我在这本书里所讨论的技术基本都是“遮阳篷”技术，用以反射投射到地球上的太阳光线：将80万块镜子设置在地球上空150万千米处的某一点，向平流层排放硫的氧化物或二氧化硫（SO_2）以制造硫酸云，或在25米高度喷泵海水泡沫来“清洁”云层，使它们能够反射更多太阳光。所有这些讨论的具体细节都在第五章。

《京都议定书》

Protocollo di Kyoto：这是1997年在京都通过的第一个以制定约束性目标来减少碳排放的国际性协议。接下来的谈判在一系列城市先后通过：2014年的会议在德国波恩举行，2015年的会议将在巴黎进行。在每届会议后，政府间气候变化专门委员会（International Panel on Climate Change，IPCC）都会在线颁布会议报告。有时在IPCC的报告中，京都的名字通常被用来指代针对全球变暖问题的推荐解决方案。

“无法回头的点”

Punto di non ritorno：涉及时间的表达方式，当超过这一时间，全球变暖问题就将超出人类所能控制的范围。有人认为我们已经跨过了“无法回头的点”。无论如何，越来越多的人认同，如果不能尽快实施碳排放的大幅削减，一系列反馈过程就将开始发生（大约在 2050 年，那时大气 CO_2 浓度有可能将达到 500 ppm）。更高的气温将会开始令苔原解冻，释放出大量的碳，这些碳将会伴随着人类的碳排放，令气温进一步上升，加速苔原永久冻土的融化，由此恶性循环。

附录2　推荐读物

Bentley, C.R., R.H. Thomas, R.H. e Isabella Velicogna, 2007. Ice Sheets, in UNEP (a cura di), *Global Outlook for Ice and Snow*, UNEP/GRID, Arendal, Norvegia.

Burroughs, William J., 2008. *Climate Change in Prehistory: The End of the Reign of Chaos*, Cambridge University Press, Cambridge.

Cochran, Thomas B. et al., 2010. *Fast Breeder Reactor Programs: History and Status*, in International Panel on Fissile Materials: Research Report 8.

Davis, Steven J., Long Cao, Ken Caldeira e Martin I. Hoffert, 2013. *Rethinking Wedges*, in《Environmental

Research Letters》, 8, 011001.

Diamond, Jared, 2005. *Collapse: How Societies Choose to Fail or Succeed*, Viking Press, New York [trad. it. di F. Leardini, *Collasso. Come le società scelgono di morire o vivere*, a cura di L. Civalleri, Einaudi, Torino 2007].

Fagan, Brian, 2002. *The Little Ice Age: How Climate Made History, 1300-1850*, Basic Books, New York [trad. it. di B. Amato, *La rivoluzione del clima*, Sperling e Kupfer, Milano 2001].

Fagan, Brian, 2008. *The Great Warming: Climate Change and the Rise and Fall of Civilizations*, Bloomsbury, New York [trad. it. di T. Cannillo, *Effetto caldo*, Corbaccio, Milano 2009].

Ferro, Shaunacy, 2013. *The National Ignition Facility Just Got Way Closer to Fusion Power*, in《Popular Science》, ottobre 2013.

Gagosian, Robert. B., 2003. *Abrupt Climate Change: Should We Be Worried*?, Woods Hole Oceanographic Institution, Woods Hole (ma).

Goodall, Chris, 2010. *How to Live a Low-Carbon Life: The Individual's Guide to Tackling Climate Change*,

Routledge, London.

Johnson, Eric, 2013. *Climate Engineering Might Be Too Risky*, in《Horizon》(The eu Research and Innovation Magazine), 3 luglio.

Kaiser, Jocelyn, 2001. *The Other Global Pollutant: Nitrogen Proves Tough to Curb*, in《Science》, 294, pp. 1268-69.

Kellow, Aynsley, 2007. *Science and Public Policy: The Virtuous Corruption of Virtual Environmental Science*, Edward Elgar, Cheltenham (uk).

Kerr, Richard A., 2011. *Antarctic Ice's Future Still Mired in Its Murky Past*, in《Science》, 333, p. 401.

Mackay, Anson W., Rick Battarbee, John Birks et al. (a cura di), 2003. *Global Change in the Holocene*, Arnold, London.

McCarthy, Michael, 2011. *Global Warmings's Winners and Losers*, in《Independent》, 7 dicembre.

Myhrvold, Nathan P. e Ken Caldeira, 2012. *Greenhouse Gases, Climate Change and the Transition from Coal to Low-carbon Electricity*, in《Environ. Research Letters》, 7, 014019.

NASA, 2012. *How Much More Will Earth Warm?*, Earth Observatory, NASA Goddard Space Flight Center, EOS Project Science Office.

Pielke, Roger A. Jr., 2010. *The Climate Fix: What Scientists and Politicians Won't Tell You About Global Warming*, Basic Books, New York.

Power-technology, 2013. *News, Views and Contacts from the Global Power Industry*, Statkraft Osmotic Power Plant, Norway, 8 maggio 2013, da: http://www.power-technology.com/.

Riebek, Holli, 2011. *The Carbon Cycle*, Earth Observatory, EOS Project Science Office, NASA Goddard Space Flight Center.

Roberts, Neil, 1998. *The Holocene: An Environmental History*, 2ª ed., Blackwell, Malden (MA).

Rockstrom, Johan et al., 2009. *A Safe Operating Space for Humanity*, in《Nature》, 461, pp. 472–75. Si veda la bibliografia per l'elenco completo delle pubblicazioni di questi autori.

Salter, Stephen, Graham Sortino e John Latham, 2008. *Sea-Going Hardware for the Cloud Albedo Method of*

Reversing Global Warming, in《Philosophical Transactions of the Royal Society》, 366, pp. 3989–4006.

Seaver, Kirsten, 1996. *The Frozen Echo*, Stanford University Press, Palo Alto (CA).

Soil Carbon Center, 2011. *What is the carbon cycle*?, Kansas State University, Manhattan (KS).

附录3　参考文献

[1]Angel Roger，Feasibility of Cooling the Earth with a Cloud of Small Spacecraft Near the Inner Lagrange Point（L1）[J].Proceeding of the National Academy of Sciences，2006，103（46）：17184-17189.〔罗杰·安杰尔．在内拉格朗日点（L1）附近用一群小型航天器冷却地球的可行性 [J]. 美国国家科学院院刊，2006，103（46）：17184-17189.〕

[2]Anand Robbin K，Ulrich Tallarek，Richard M Crooks. Electrochemically Mediated Seawater Desalination[J]. Angewandte Chemie,2013,125(31):8265-8268.〔罗宾·K. 安纳德，乌尔里希·塔拉尔克，理查德·M. 克鲁克斯．电化学介导式海水淡化 [J]. 应用化学，2013，(52)：8265-8268.〕

[3]Anseeuw Ward, Liz Alden, L Cotula Lorenzo, et al. Land Rights and the Rush for Land: Findings of the Global Commercial Pressures on Land Research Project[J/OL]. International Land Coalition, ILC.〔沃德·安塞尔，利兹·阿尔登，洛伦佐·L. 科图拉，等 . 土地权与土地争夺：关于土地方面全球商业压力研究项目的调查发现 [J/OL]. 国际土地联盟 .〕

[4]Bala G, Ken Caldeira, R Nemani, et al. Albedo Enhancement of Marine Clouds to Counteract Global Warming: Impacts on the Hydrological Cycle[J]. Climate Dynamics, 2011, 37 (5-6): 915-937.〔G. 巴拉，肯·卡德拉, R. 涅玛尼，等 . 海水云反照率增强以抵抗全球变暖：对水文循环的影响 [J]. 气候动力学，2011，(37)：915-931.〕

[5]Ban-Weiss George A, Ken Caldeira. Geoengineering as an Optimization Problem[J]. Environmental Research Letters, 2010, (5): 1-9.〔乔治·A. 班-韦斯，肯·卡德拉 . 以地球工程学作为最佳化问题 [J]. 环境研究通讯，2010，(5)：1-9.〕

[6]Barnola Jean-Marc, Martin Anklin, J Porcheron, et al. CO_2 Evolution During the Last Millennium as Recorded by Antarctic and Greenland Ice[J]. Tellus, 1995, 47 (1-2): 264-272.〔让-马克·巴诺拉，马丁·安克林，J. 珀切龙，

等 . 由南极和格陵兰的冰所记录的最近一千年中 CO_2 的演变 [J]. 忒勒斯，1995，(47)：264-272. 〕

[7]Beck Ernst Georg. 180 Years of Atmospheric CO_2 Gas Analysis by Chemical Methods[J]. Energy and Environment，2007，18 (2)：259-282.〔恩斯特-格奥尔格·贝克 . 用化学法分析 180 年的大气 CO_2 气体 [J]. 能源与环境,2007,18 (2)：259-282. 〕

[8]Brennan Deborah Sullivan. Sea Spray Study Gains $20 Million Grant[N]. UT San Diego，2013-09-09.〔狄波拉·沙利文·布伦南 . 海水喷雾研究获得 2000 万美元拨款 [N]. 圣迭戈联合论坛报，2013-09-09. 〕

[9]British Antarctic Survey. Ice Cores and Climate Change[N]. Science Briefing，2013-09-10.〔英国南极调查局 . 冰芯与气候变化 [N]. 科学简报，2013-09-10. 〕

[10]British Petroleum. BP Statistical Review of World Energy[EB/OL]. http：//www.bp.com/en/global/corporate/about-bp/energy-economics/statistical-review-of-world-energy-2011.html.〔英国石油 .BP 世界能源统计评述 [EB/OL]. http：//www.bp.com/en/global/corporate/ about-bp/energy-economics/statistical-review-of-world-energy-2011.html. 〕

[11]British Petroleum. BP Statistical Review of World Energy[EB/OL]. http：//www.bp.com/en/global/corporate/about-bp/energy-economics/statistical-review-of-world-energy-2013.html.〔英国石油.BP世界能源统计评述[EB/OL]. http：//www.bp.com/en/global/corporate/ about-bp/energy-economics/statistical-review-of-world-energy-2013. html.〕

[12]Christiansen Bo，Ljungqvist Fredrik C. The Extra-Tropical NH Temperature in the Last Two Millennia：Reconstructions of Low- Frequency Variability[J]. Climate of the Past Discussions，2011，(7)：3991-4305.〔博·克里斯蒂安森，弗莱德里克·C. 扬奎斯特.最近两千年前的温带北半球气温：低频变率的重建[J]. 历史气候讨论，2011，(7)：3991-4035.〕

[13]Dansgaard W，S Johnsen，H B Clausen，et al. North Atlantic Climatic Oscillations Revealed by Deep Greenland Ice Cores[M]. Washington DC：Climate Processes and Climate Sensitivity，1984. 288-298.〔W. 丹斯嘉德，S. 约翰森，H.B. 克劳森.格陵兰深层冰芯所揭示的北大西洋气候波动[M]. 华盛顿特区：美国地球物理联合会，1984：288-298.〕

[14]Davis Steven J，Long Cao，Ken Caldeira，et al. Rethinking Wedges[J]. Environmental Research Letters，2013，(8)：011001-011001.〔蒂文·J. 戴维斯，曹龙，肯·卡德拉 . 楔角再思考 [J]. 环境研究通讯，2013，(8)：011001-011001.〕

[15]de Menocal Peter B. Cultural Responses to Climate Change During the Late Holocene[J]. Science，2001，(292)：667-673.〔彼得·B. 德·梅诺科尔 . 全新世晚期气候变化的文化响应 [J]. 科学，2001，(292)：667-673.〕

[16]Diamond Jared. Collapse：How Societies Choose to Fail or Succeed[M]. New York：Viking Press，2005.(Diamond Jared，F Leardini，L Civalleri. Collasso. Come le società scelgono di morire o vivere[M].Torino：Einaudi，2007.)〔贾德·戴蒙 . 大崩溃：社会如何选择失败或成功 [M]. 纽约：维京出版社，2005.(贾德·戴蒙，F. 里尔蒂尼，L. 奇瓦雷利 . 大崩溃。社会如何选择灭亡还是生存 [M]. 都灵：伊诺第出版社，2007.)〕

[17]Domingues Catia M，John A Church，Neil J White，et al. Improved Estimates of Upper-Ocean Warming and Multi-Decadal Sea Level Rise[J]. Nature,2008，(453)：1090-1093.〔卡地亚·M. 多明格斯，约翰·A. 丘奇，尼尔·J.

怀特，等．海洋上层变暖以及多年代际海平面上升的进一步预测[J]. 自然，2008，(453): 1093-1094. 〕

[18]Dupont Sam，John Havenhand，William Thorndyke，et al. Near-future Level of CO_2-driven Ocean Acidification Radically Affects Larval Survival and Development in the Brittlestar Ophiothrix fragilis[J]. Marine Ecology Progress Series，2008，(373): 285-294. 〔山姆・杜邦，约翰・黑文翰德，威廉姆・桑迪克，等．接近未来 CO_2 水平使得海洋酸化从根本上影响着蛇尾脆弱阳遂足的生存和发展 [J]. 海洋生态学进展系列，2008，(373): 285-294. 〕

[19]Etheridge David M，L P Steele，R L Langenfelds，et al. Natural and Anthropogenic Changes in Atmospheric CO_2 over the Last 1000 Years from Air in Antarctic Ice and Firn[J]. Journal of Geophysical Research，1996，(101): 4115-4128. 〔大卫・M. 艾瑟瑞奇，L・P. 斯蒂尔，R・L. 兰根费尔德．从南极冰和粒雪中的空气看近 1000 年来大气 CO_2 的自然变化与人为变化 [J]. 地球物理研究期刊，1996，(101): 4115-4128. 〕

[20]Fagan Brian. he Little Ice Age: How Climate Made History[M]. New York: Basic Books，2002. (Fagan Brian，B Amato. La rivoluzione del clima[M]. Milano: Sperling &

Kupfer，2001.)〔布莱恩·法根.小冰河时代：气候如何制造历史,1300—1850[M].纽约:基本书局,2002.(布莱恩·法根，B.阿玛托.气候革命[M].米兰：Sperling &Kupfer，2001.)〕

[21]Fagan Brian. The Great Warming：Climate Change and the Rise and Fall of Civilizations[M]. New York：Bloomsbury，2008.(Fagan Brian，T Cannillo. Effetto caldo[M]. Milano：Corbaccio，2009.)〔布莱恩·法根.大暖化：气候变化与文明的崛起和衰落[M].纽约：布鲁姆斯伯里出版社，2008.(布莱恩·法根，T.卡尼洛.温室效应[M].米兰：科尔巴乔出版社，2009.)〕

[22]Ferro Shaunacy. The National Ignition Facility Just Got Way Closer to Fusion Power[J/OL]. https：//www.popsci.com/article/science/national-ignition-facility-just-got-way-closer-fusion-power.〔肖南西·费罗.国家点火装置更加接近实现聚变能量[EB/OL]. https：//www.popsci.com/article/science/national-ignition-facility-just-got-way-closer-fusion-power.〕

[23]Foley Jonathan Andrew，G P Asner，M H Costa，et al. Amazonian Revealed：Forest Degradation and Loss of Ecosystem Goods and Services in the Amazon Basin[J]. Frontiers in Ecology and Environment，2007，(5)：25-32.

〔约翰森·安德鲁·弗利，G·P. 阿斯纳，M·H. 科斯塔，等 . 亚马孙流域揭示：亚马孙盆地的森林退化以及生态系统商品和服务的丧失 [J]. 生态学与环境前沿，2007，(5)：25-32.〕

[24]Gagosian Robert B. Abrupt Climate Change：Should We Be Worried?[M]. Massachusetts：Woods Hole Oceangraphic Institution，Woods Hole，2003.〔罗伯特·B. 加戈西安 . 气候突变：我们应该担心吗？[M]. 伍兹海尔（马萨诸塞）：伍兹海尔海洋研究所，2003.〕

[25]Gillet Nathan，David W J Thompson. Simulation of Recent Southern Hemisphere Climate Change[J]. Science，2003，(302)：273-275.〔内森·吉列，大卫·W.J. 汤普森 . 近期南半球气候变化模拟 [J]. 科学，2003，(302)：273-275.〕

[26]Gillis Justin.Looks Like Rain Again，and Again[N]. New York Times，2014-05-12.〔贾斯汀·吉利斯 . 看起来雨会一下再下 [N]. 纽约时报，2014-05-12.〕

[27]Chris Goodall. The Big Biochar Experiment[EB/OL]. https://www.carboncommentary.com/blog/2011/10/05/the-big-biochar-experiment.〔克里斯·古德尔 . 大生物炭实验 [EB/OL]. https：//www.carboncommentary.com/blog/2011/10/05/the-big-biochar-experiment.〕

[28]Goreham Steve. The Mad，Mad World of Climatism：

Mankind and Climate Change Mania[M]. Illinois：New Lenox Books，2012.〔史蒂夫・戈勒姆．气候主义的疯狂世界：人类和气候变化狂热 [M]. 伊利诺斯：新伦诺克斯出版社，2012.〕

[29]Grove Jean M. The Little Ice Age[M]. London：Methuen，1988.〔吉恩・M. 格罗夫．小冰河时代 [M]. 伦敦：梅休因出版社，1988.〕

[30]Handoh Isuki C，Timothy M Lenton. Periodic Mid-Cretaceous Oceanic Anoxic Events Linked by Oscillations of the Phosphorus and Oxygen Biogeochemical Cycles[J]. Global Biogeochemical Cycles，2003，(17)：1092-1103.〔半藤逸树，蒂莫西・M. 伦顿．周期性中白垩纪海洋缺氧事件与磷和氧的生物化学循环波动的关联 [J]. 全球生物地球化学循环，2003，(17)：1092-1103.〕

[31]Hawkins Ed，Bruce Anderson，Noah Diffenbaugh，. Uncertainties in the Timing of Unprecedented Climates[J/OL]. http：//dx.doi.org/10.1038/nature13523.〔艾德・霍金斯，布鲁斯・安德森，诺厄・迪芬博．关于前所未有气候发生时间的不确定之处 [EB/OL]. http：//dx.doi.org/10.1038/nature13523.〕

[32]Hoffman Georg. Beck Back to the Future[J]. Real Climate，Climate Science from Climate Scientists，2007，

（5）.〔乔治·霍夫曼 . 回归未来 [J]. 真实的天气，来自气候科学家们的气候科学，2007，(05)〕

[33]Hofmann Gretchen E，James P Barry，Peter J Edmunds，et al. The Effect of Ocean Acidification on Calcifying Organisms in Marine Ecosystems：An Organism to Ecosystem Perspective[J]. The Annual Review of Ecology，Evolution，and Systematics，2010，(41)：127-147.〔格雷琴·E. 霍夫曼，詹姆斯·P. 巴瑞，彼得·J. 埃德蒙德斯，等 . 海洋酸化对海洋生态系统钙化有机体的影响：生态系统视角下的有机体 [J]. 生态学、进化和系统学年度评论 ，2010，(41)：127-141〕

[34]Honisch Bärbel，et al. The Geological Record of Ocean Acidification[J]. Science，2012，(335)：1058-1063.〔贝蓓尔·汉尼奇，等 . 海洋酸化的地质记录 [J]. 科学，2012，(335)：1058-1063.〕

[35]Huang S P，Henry N Pollack，Po-Yu Shen. A Late Quaternary Climate Reconstruction Based on Borehole Heat Flux Data，Borehole Temperature Data，and the Instrumental Record[J]. Geophysical Research Letters，2008，(35)：5.〔黄少鹏，亨利·N. 波拉克，沈博宇 . 基于钻孔热流数据，钻孔温度数据和仪器记录的晚第四纪气候重建

[J]. 地球物理研究通讯，2008，(35)：5-5. 〕

[36]Huxley Aldous. Point Counter Point[M]. London：Chatto & Windus，1928. (Huxley，Aldous，S Spaventa Filippi. Punto contro punto[M]. Milano：Sonzogno，1933.) (Huxley Aldous，S Spaventa. Punto contro punto[M]. Milano：Adelphi，2011.)〔阿道司・赫胥黎 . 旋律的配合 [M]. 伦敦：查托与温都斯出版社，1928.) (阿道司・赫胥黎，S. 斯帕文塔・费里皮 . 旋律的配合 [M]. 米兰：颂早尼奥出版社，1933.) (阿道司・赫胥黎，M・G. 贝罗内 . 旋律的配合 [M]. 米兰：阿岱菲出版社，2011. 〕

[37]International Energy Agency. CO_2 Capture and Storage：A Key Carbon Abatement Problem[M]. Paris：Energer Technology Office，IEA，2009.〔国际能源署 .CO_2 捕集与封存：关键的碳减排问题 [M]. 巴黎：国际能源署能源技术办公室，2009. 〕

[38] International Panel on Climate Change. Climate Change 2001：Synthesis Report[EB/OL]. https：//www.ipcc.ch/pdf/climate-changes-2001/synthesis-syr/english/front.pdf.〔政府间气候变化专门委员会 . 2001 年气候变化：综合报 告 [EB/OL]. https：//www.ipcc.ch/pdf/climate-changes-2001/synthesis-syr/english/front.pdf. 〕

[39]International Panel on Climate Change. Climate Change 2014：Mitigation of Climate Change[EB/OL]. https：//www.ipcc.ch/pdf/assessment-report/ar5/wg3/WGIIIAR5_SPM_TS_Volume.pdf.〔政府间气候变化专门委员会.2014年气候变化：气候变化减缓[EB/OL]. https：//www.ipcc.ch/pdf/assessment-report/ar5/wg3/WGIIIAR5_SPM_TS_Volume.pdf.〕

[40]Johnson，Eric. climate Engineering Might Be Too Risky[J]. Horizon，The eu Research and Innovation Magazine，2013，(7).〔埃里克·约翰森.气候工程学可能太过冒险[J].地平线，欧盟研究与革新杂志，2013，(7)：1-1.〕

[41]Jouzel Jean，et al. Orbital and Millennial Antarctic Climate Variability over the Past 800，000 Years[J]. Science，2007，(317)：793-797.〔让·朱泽尔，等.过去80万年间地球轨道和千年南极气候变化[J].科学，2007，(317)：793-797.〕

[42]Kaiser Jocelyn. The Other Global Pollutant：Nitrogen Proves Tough to Curb[J]. Science，2001，(294)：1268-1269.〔乔斯林·凯撒.其他全球污染物：氮气证明难以遏制[J].科学，2001，(294)：1268-1269.〕

[43]Keeling Charles David，Timothy P Whorf. The 1，

800-Year Oceanic Tidal Cycle：A Possible Cause of Rapid Climate Change[J]. Proceedings of the National Academy of Sciences of the United States of America，2000，(97)：3814-3819.〔查尔斯·大卫·基林，蒂莫西·P. 沃尔夫 .1800 年的海洋潮汐周期：快速气候变化的一个可能原因 [J]. 美国国家科学院院刊，2000，(97)：3814-3819.〕

[44]Kellow Aynsley. Science and Public Policy：The Virtuous Corruption of Virtual Environmental Science[M]. Cheltenham：Edward Elgar，2007.〔艾恩斯利·凯洛 . 科学与公共政策：虚拟环境科学的道德腐败 [M]. 切尔滕纳姆：爱德华埃尔加出版社，2007.〕

[45]Kharecha Pushker A，James E Hansen. Implications of "Peak Oil" for Atmospheric CO_2 and Climate[J]. Global Biogeochemical Cycles，2008，(22)：GB3012.〔帕什科·A. 卡雷沙，詹姆斯·E. 汉森 ."石油峰值"对大气 CO_2 和气候的影响 [J]. 全球生物地球化学循环，2002，(22)：GB 3012.〕

[46]Lamb H，W J M Tegart，G W Sheldon，et al. Climate Change：The IPCC Impacts Assessment[M]. Canberra：Australian Government Publishing Service，1990.〔H. 兰姆，W.J.M. 特加特，G.W. 谢尔顿，等 . 气候变化：IPCC 影响评估 [M]. 堪培拉：Australian Government Publishing Service，

1990.〕

[47]Lovelock James. Gaia：A New Look at Life on Earth[M]. Oxford University Press，1979.〔詹姆斯·洛夫洛克 . 盖娅：对地球生活的新观 [M]. 牛津：牛津大学出版社，1979.〕

[48]Lund David C，Jean Lynch-Stieglitz，William B Curry. Gulf Stream Density Structure and Transport During the Last Millennium) Gulf Stream Density Structure and Transport During the Last Millennium[J]. Nature，2006，(444)：601-604.〔大卫·C. 隆德，让·林奇-施蒂格利茨，威廉·B. 库里 . 近千年来湾流密度结构与传输 [J]. 自然，2006，(444)：601-604.〕

[49]Lüthi Dieter，M Le Floch，B Bereiter，et al. High-Resolution Carbon Dioxide Concentration Record 650，00 to 800,000 Years Before Present[J]. Nature,2008，(453)：379-382.〔迪特尔·吕蒂，M. 乐弗洛奇，B. 贝莱特，等 . 距今 65000 至 80 万年前高分辨率 CO_2 浓度记录 [J]. 自然，2008，(453)：379-382.〕

[50]Manley Simon. Carbon Gold：Working with Cacao Farmers in Belize to Create a Rotating Biochar Production and Utilization System[J]. International Biochar Initiative，2012，(2012-05-12) .〔西蒙·曼利 . 碳金：在伯利兹与可可

种植者合作创建旋转生物炭生产和利用系统 [J]. 国际生物炭联盟，2012，(2012-05-12) .〕

[51]Mann Michael E，Raymond S Bradley，Malcolm K Hughes. Northern Hemisphere Temperatures During the Past Millennium：Inferences，Uncertainties，and Limitations[J]. Geophysical Research Letters，1999，(26)：759-762.〔迈克尔·E. 曼恩，雷蒙德·S. 布拉德利，马尔考姆·K. 休吉斯 . 最近千年北半球气温：推论、不确定性以及局限性 [J]. 地球物理研究通讯，1999，(26)：759-762.〕

[52]Matthews H Damon，Ken Caldeira. Transient Climate-Carbon Simulations of Planetary Geoengineering[J]. Proceedings of the National Academy of Sciences，2007，(104)：9949-9954.〔H. 达蒙·马修斯，肯·卡德拉 . 行星地理工程学的瞬态气候-碳模拟 [J]. 美国国家科学院院刊，2007，(104)：9949-9954.〕

[53]McCarthy Michael. Global Warming's Winners and Losers[N]. Independent，2011-12-07.〔迈克尔·麦卡锡 . 全球气候变暖的赢家和输家 [J]. 独立报,2011，(2011-12-07).〕

[54]Mora Camilo，Abby G Frazier，Ryan J Longman，et al. The Projected Timing of Climate Departure from Recent Variability[J]. Nature，2013，(502)：183-187.〔卡

米罗・莫拉，艾比・G. 弗雷泽，莱恩・J. 朗文，等 . 从近期变化看气候偏离预计时间 [J]. 自然，2013，(502)：183-187.〕

[55]Mora Camilo，Abby G Frazier，et al. Reply[J/OL]. http：//dx.doi.org/10.1038/nature13523.〔卡米洛・莫拉，艾比・G. 弗雷泽 . 答复 [J/OL]. http：//dx.doi.org/10.1038/nature13523.〕

[56]Moses Ed. The National Ignition Facility and the Goal of Near Term Laser Fusion Energy[R]. Munich：European Quantum Electronics Conference，2011.〔艾德・莫斯 . 国家点火装置与近期激光聚变能源的目标 [R]. 慕尼黑：欧洲量子电子会议，2011.〕

[57]Muller Richard A. The Conversion of a Climate-Change Skeptic[N]. The New York Times，2012-07-18.〔理查・A. 穆勒 . 一个气候变化怀疑者的转变 [N]. 纽约时报，2012-07-18.〕

[58]Myhrvold Nathan P，Ken Caldeira. Greenhouse Gases，Climate Change and the Transition from Coal to Low-Carbon Electricity[J]. Environmental Research Letters，2012，(7)：014-019.〔内森・P. 迈沃尔德，肯・卡德拉 . 温室气体、气候变化以及煤炭向低碳电力的转变 [J]. 环境研究通讯，2012，(7)：014-019.〕

[59]National Centers for Coastal Ocean Science.

Average 2014 Gulf of Mexico “Dead Zone” Confirms NOAA-Supported Forecast[N]. NCCOS News and Features，2014-08-04.〔美国国家近海海洋科学中心 . 2014 年墨西哥湾“死亡地带”的平均值证实了 NOAA 所支持的预测 [N]. 美国国家近海海洋科学中心新闻与报道，2014-08-04.〕

[60]Neftel A，H Friedli，E Moor，et al. Historical CO_2 Record from the Siple Station Ice Core[C]. Oak Bridge：Carbon Dioxide Information Analysis Center，CDIAC，1994.〔A. 内弗特尔，H. 弗里德利，E. 摩尔，等 . 来自塞普尔站冰芯的历史 CO_2 记录 [C]. 橡树岭：二氧化碳信息分析中心，1994.〕

[61]Nicholls Robert J，Anny Cazenave. Sea-Level Rise and Its Impact on Coastal Zones[J]. cience Magazine，2010，(328)：1517-1520.〔罗伯特 · J. 尼克尔斯，安妮 · 卡泽娜芙 . 海平面上升及其对沿海地区的影响 [J]. 科学杂志，2010，(328)：1517-1520.〕

[62]Nunn Patrick D. Climate，Environment and Society in the Pacific During the Last Millennium[M]. Amsterdam：Elsevier，2007.〔派特里克 · D. 那恩 . 近千年来太平洋地区的气候、环境与社会 [M]. 阿姆斯特丹：爱思唯尔出版社，2007.〕

[63]Nye James. Apocalypse Now：Unstoppable Man-

Made Climate Change Will Become Reality by the End of the Decade and Could Make New York，London and Paris Uninhabitable Within 45 Years，Claims New Study[N]. Mail online，2013-10-10.〔詹姆斯・奈 . 现代默示：新研究声称无法阻止的人为气候变化将在 10 年后成为现实并在 45 年内导致纽约、伦敦和巴黎无法居住 [N]. 每日邮报在线，2013-10-10.〕

[64]Orr James C. Anthropogenic Ocean Acidification Over the Twenty-First Century and Its Impact on Calcifying Organisms[J]. Nature，2005，(437):681-686.〔詹姆斯・C. 奥尔 .21 世纪人为海洋酸化及其对钙化有机体的影响 [J]. 自然，2005，(437): 681-686.〕

[65]Owen James. Farming Claims Almost Half Earth's Land，New Maps Show[J]. National Geographic News，2005，(12) .〔詹姆斯・欧文 . 新地图显示：农业用地几乎占据了地球土地的一半 [J]. 国家地理新闻，2005，(12) .〕

[66]Øystein Skråmesgtø，et al. Power Production Based on Osmotic Pressure[J]. Waterways，2009，(7) .〔奥伊斯坦・斯科拉梅斯托，等 . 基于渗透压的电力生产 [J]. 航道，2009，(7)〕

[67]Pandolfi John M，sean R Connolly，Dustin J Marshall，et al. Projecting Coral Reef Futures under Global

Warming and Ocean Acidification[J]. Science，2011，(333)：418-422.〔约翰·M. 潘多尔菲，肖恩·R. 康诺利，达斯汀·J. 马歇尔，等 . 全球变暖和海洋酸化形势下的珊瑚礁未来预测 [J]. 科学，2011，(333)：418-422.〕

[68]Philological Society. The European magazine，and London review[M]. 伦敦：语言文学会，1808.〔语言文学会 . 欧洲杂志和伦敦评论 [M]. 伦敦：语言文学会，1808.〕

[69]Pielke Roger A Jr. The Climate Fix：What Scientists and Politicians Won't Tell You About Global Warming[M]. New York：Basic Books，2010.〔小罗杰·A. 皮耶尔克 . 气候治理：科学家和政治家们不会告诉你的有关全球变暖的事情 [M]. 纽约：基本书局，2010.〕

[70]Power-technology. News，Views and Contacts from the Global Power Industry：Statkraft Osmotic Power Plant[EB/OL]. http：//www.power-technology.com.〔挪威国家电力公司渗透压发电厂 . 来自全球电力工业的新闻、观点和联系：挪威国家电力公司渗透压发电厂 [EB/OL]. http：//www.power-technology.com.〕

[71]Riebeek Holli. The Carbon Cycle[M]. Greenbelt：EOS Project Science Office，NASA Goddard Space Flight Center，2011.〔霍利·里贝克 . 碳循环 [M]. 格林贝特：美国国

家航空航天局戈达德太空飞行中心 EOS 项目科学办公室，2011.〕

[72]Rignot Eric，J Mouginot，Mathieu Morlighem，et al. Widespread，Rapid Grounding Line Retreat of Pine Island，Thwaites，Smith and Kohler Glaciers，West Antarctica from 1992 to 2011[EB/OL]. http：//dx.doi.org/10.1002/2014GL060140.〔埃里克·里根特，J. 莫吉诺特，马修·莫里亨，等 . 1992 至 2011 年派恩岛、思韦茨冰川、史密斯冰川及科勒冰川接地线广泛迅速的退缩 [EB/OL]. http：//dx.doi.org/10.1002/2014GL060140.〕

[73]Rockstrom Johan，Will Steffen，Kevin Noone，et al. A Safe Operating Space for Humanity[J]. 自然，2009，(461)：472-475.〔约翰·洛克斯特伦，威尔·斯特芬，凯文·努恩，等 . 人类的安全操作空间 [J]. 自然，2009，(461)：472-475.〕

[74]Rockstrom Johan，Will Steffen，Kevin Noone，et al. lanetary Boundaries：Exploring the Safe Operating Space for Humanity[J]. Ecology and Society，2009，(14)：32-36.〔约翰·洛克斯特伦，威尔·斯特芬，凯文·努恩，等 . 行星边界：探索人类的安全操作空间 [J]. 生态与社会，2009，(14)：32-36.〕

[75]Russell Josiah C. Population in Europe[M].

Glasgow: Collins/Fontana, 1972: 25-71.〔乔塞亚·C. 罗素 . 欧洲人口 [M]. 格拉斯哥：柯林斯 / 丰塔纳出版社，1972: 25-71.〕

[76]Salter Stephen, Graham Sortino, John Latham, et, al. Sea-Going Hardware for the Cloud Albedo Method of Reversing Global Warming[J]. Philosophical Transactions of the Royal Society, 2009, (366): 3989-4006.〔斯蒂芬·萨尔特，格兰姆·索尔迪诺，约翰·莱瑟姆，等 . 用于云反照率方法逆转全球变暖的航海硬件 [J]. 皇家学会报告，2006, (366): 3989-4006.〕

[77]Sample Ian. Sustainable Nuclear Fusion Breakthrough Raises Hopes for Ultimate Green Energy[J]. The Guardian, 2014, (2).〔伊恩·桑普尔 . 可持续核聚变的突破增加了终极绿色能源的希望 [J]. 卫报，2014, (2).〕

[78]Schaeer Kevin, Tinjun Zhang, Lori Bruhwiler, et, al. Amount and Timing of Permafrost Carbon Release in Response to Climate Warming[J]. Tellus, 2011, (63): 65-80.〔凯文·夏菲尔，张廷军，洛里布鲁维勒，等 . 多年冻土碳释放的量和时间对气候变暖的响应 [J]. 忒勒斯, 2011, (63): 65-80.〕

[79]Schuur Edward Arthur George, James Bockheim,

Josep G Canadell, et al. Vulnerability of Permafrost Carbon to Climate Change: Implications for the Global Carbon Cycle[J]. BioScience, 2008, (58): 701-704.〔爱德华·亚瑟·乔治·舒尔，詹姆斯·博科海姆，朱塞佩·坎纳德尔，等.多年冻土碳对气候变化的脆弱性：对全球碳循环的影响[J].生物科学，2008，(58)：701-704.〕

[80]Sevior, Martin. Full Energy Analysis of Nuclear Power[EB/OL]. http://nuclearinfo.net/Nuclearpower/WebHomeEnergyLifecycleOf Nuclear_Power.〔马丁·塞维尔.对核电的全面能源分析[EB/OL]. http://nuclearinfo.net/Nuclearpower/WebHomeEnergyLifecycleOf Nuclear_Power.〕

[81]Shackley Simon, Saran P Sohi. An Assessment of the Benefits and Issues Associated with the Application of Biochar to Soil: A Report Commissioned by the United Kingdom Department for Environment, Food and Rural Affairs, and Department of Energy and Climate Change[M]. Edinburgh: Uk Biochar Research Centre, 2010.〔西蒙·夏克立，沙朗·P.索希.关于生物炭在土壤的应用的益处和问题的评估：由英国环境、食品和农村事务部以及能源和气候变化部委托撰写的报告[M].爱丁堡：英国生物炭研究

中心，2010.〕

[82]Siegenthaler，Urs，H，Friedli，H，Loetscher，et，al. Stable-Isotope Ratios and Concentration of CO_2 in Air from Polar Ice Cores[J]. Annals of Glaciology,1988，(10)：151-156.〔乌尔斯·齐根塔勒,H. 弗里德利,H. 罗切尔，等．来自极地冰芯的稳定同位素比值和 CO_2 浓度 [J]. 冰川学年鉴，1988，(10)：151-156.〕

[83]Smalley Richard E. Climate Engineering is Doable，as Long as We Never Stop[J]. Wired，2007，(7).〔理查德·E. 斯莫利．气候工程学是可行的，只要我们永不停止 [J]. 连线，2007，(7).〕

[84]Smith Laurence C. The World in 2050：Four Forces Shaping Civilization's Northern Future[M]. New York：Plume，2010.(Smith Laurence C，S Bourlot. 2050. Il futuro del nuovo Nord[M]. Torino：Einaudi，2011.)〔劳伦斯·C. 史密斯．2050 年的世界：塑造文明北方未来的四股力量 [M]. 纽约：普鲁姆出版社，2010.(劳伦斯·C. 史密斯，S·波洛特．2050. 新北方的未来 [M]. 都灵：伊诺第出版社，2011.)〕

[85]Soil Carbon Center. What Is the Carbon Cycle?[M]. Manhattan(ks)：Kansas State University，2011.〔堪萨斯大

学土壤碳中心．碳循环是什么 [M]. 曼哈顿（堪萨斯州）：堪萨斯州立大学，2011.〕

[86]Thompson David W J，Susan Solomon. Interpretation of Recent Southern Hemisphere Climate Change[J]. Science，2002，(296)：895-899.〔大卫·W.J. 汤普森，苏珊·所罗门．对近期南半球气候变化的解读 [J]. 科学，2002，(296)：895-899.〕

[87]Thorson Robert M. Politics Catches Up with Climate Change[N]. Hartford Courant，2014-05-15.〔罗伯特·M. 索尔森．天气变化显现政治恶果 [N]. 哈特福时报，2014-05-15.〕

[88]Tilmes Simone，Rolf Müller，Ross Salawitch. The Sensitivity of Polar Ozone Depletion to Proposed Geoengineering Schemes[J]. Science，2008，(320)：1201-1204.〔西蒙·提尔姆斯，洛夫·穆勒，罗斯·萨拉维奇．极地臭氧层消耗对地球工程学方案建议的敏感性 [J]. 科学，2008，(320)：1201-1204.〕

[89]Turner John，Josefino C Comiso，Gareth J Marshall，et al. Non-Annular Atmospheric Circulation Change Induced by Stratospheric Ozone Depletion and its Role in the Recent Increase of Antarctic Sea Ice Extent[J].

Geophysical Research Letters，2009，(36):5.〔约翰·特纳，约瑟菲诺·C. 科米索，加雷斯·J. 马歇尔，等 . 平流层臭氧消耗引起的非环状大气环流变化及其在近期南极海冰面积增加中所起的作用 [J]. 地球物理研究通讯，2009，(36): 5.〕

[90]van Bennekom A J，W W C Gieskes，S B Tijssen. Eutrophication of Dutch Coastal Waters[J]. Proceedings of the Royal Society of London，Series B，Biological Sciences，1975，(189): 359-374.〔A.J. 冯· 本讷科姆，W.W.C. 吉斯克斯，S.B. 泰森 . 荷兰沿海水域的富营养化 [J]. 皇家学会报告，B 刊，生物科学，1975，(189): 359-374.〕

[91]von Hipple Frank，Thomas B Cochran，Harold A Feiveson，et al. Overview: The Rise and Fall of Plutonium Breeder Reactors[R]. Standford: International Panel on Fissile Materials，2010-01-15.〔弗兰克·冯·希佩尔，托马斯·B. 考科伦，哈罗德·A. 费福森，等 . 快速增殖反应堆计划: 历史和现状 [R]. 斯坦福市: 国际裂变材料专家委员会，2010-01-15.〕

[92]Zhang Maojie，Xia Guo，Wei Ma，et al. An Easy and Effective Method to Modulate Molecular Energy Level of the Polymer Based on Benzodithiophene for the Application in Polymer Solar Cells[J]. Advanced Materials,2014，(26):

2089-2095.〔张茂杰，郭霞，马伟，等．调制基于苯并二噻吩的分子能量级聚合物以应用于太阳能电池聚合物中的简单有效的方式 [J]. 先进材料，2014，(26)：2089-2095.〕

[93]Zwally H Jay，Mario B Giovinetto. Overview and Assessment of Antarctic Ice-Sheet Mass Balance Estimates：1992-2009[J]. Surveys in Geophysics，2011，(32)：351-376.〔H. 杰·兹瓦利，马里奥·B. 乔维内托．南极冰盖质量平衡估计的概述与评估：1992—2009[J]. 地球物理调查，2011，(32)：351-376.〕

[94]Zwally H Jay，Li Jun，Anita C Brenner，et al. Greenland Ice Sheet Mass Balance：Distribution of Increased Mass Loss with Climate Warming; 2003-07 Versus 1992—2002[J]. Journal of Glaciology，2011，(57)：88-102〔H. 杰·兹瓦利，李军，阿尼塔·C. 布伦纳，等．格陵兰冰盖质量平衡：随着气候变暖所增加的质量损失的分布；2003-07 对比 1992—2002[J]. 冰川学期刊，2011，(57)：88-102.〕

附录4　图表来源

图 1

维尔姆冰期在欧洲的最大面积（Massima estensione della glaciazione Würm in Europa.）

网址：http://commons.wikimedia.org/wiki/File:Ice_Age_Europe_map.png

文献题名：Commons Attribution 3.0

作者：Kentyne

图 2

海洋输送带在全球范围内输送热量（Il《Nastro trasportatore oceanico》(Ocean Conveyor belt) trasferisce calore nell' intero pianeta)

网址：Abrupt Climate Change-Woods Hole Oceanographic Institution

作者：Woods Hole Oceanographic Institution

制图：Jayne Doucette

图 3

过去 100 万年的气温变化图（L'ultimo milione di anni, dal presente al passato）

网址：Deeper Discovery - Ice Ages

作者：Woods Hole Oceanographic Institution

图 4

过去 15 万年的气温变化图（Gli ultimi 150 000 anni, dal presente al passato.）

网址：Deeper Discovery - Ice Ages

作者：Woods Hole Oceanographic Institution

图 5

过去 1.1 万年的气温变化图（Gli ultimi 11 000 anni, dal passato al presente）

网址：Images for global temperature history; hit “more images” (9th row down)

作者：Steve Goreham

文献题名：The Mad, Mad World of Climatism，cap. 4，2012

原始数据：Dansgaard et al., 1984

图6

大气 CO_2 在1200年间的变化（来自南极洲冰芯样本以及冒纳罗亚火山核心样本）

（Il CO_2 atmosferico nel corso di 1200 anni (dalle carote di ghiaccio dell'Antartide e da Mauna Loa).）

网址：

http://www.grida.no/publications/other/ipcc_tar/?src=/climate/ipcc_tar/wg1/fig3-2.htm e l'immagine (b).

文献题名：Third Assessment Report – Climate Change 2001: Working Group I: The Scientific Basis

图片标题：CO_2 concentration in Antarctic ice cores for the past millennium

作者：Siegenthaler et al., 1988; Neftel et al., 1994; Barnola et al., 1995; Etheridge et al., 1996. Si mostrano per confronto misurazioni recenti compiute a Mauna Loa (Keeling e Whorf, 2000).

图7

6亿年间大气CO_2和气温变化图（CO_2 atmosferico e temperatura nel corso di 600 milioni di anni.）

网址：http://files.meetup.com/1429141/CLIMATE%20CHANGE_REPORT.pdf

作者：Science and Public Policy Institute (sppi)

图8

80万年间的大气CO_2和气温变化（CO_2 atmosferico e temperatura nel corso di 800 000 anni.）

网址：earthobservatory.nasa.gov/Library/CarbonCycle (Introduction)

制图：Robert Simmon（nasa Goddard Space Flight Center）

图9

近年碳排放趋势，大气CO_2浓度趋势以及全球气温趋势（Tendenze recenti delle emissioni di carbonio, delle concentrazioni di biossido di carbonio nell'atmosfera e delle temperature globali)

网址：earthobservatory.nasa.gov/Library/CarbonCycle (Introduction e Effects)

作者：Nasa Goddard Space Flight Center

图 10

从 2010—2110 年间大气 CO_2 浓度预测（Proiezioni del CO_2 atmosferico dal 2010 al 2110）

作者：James R. Flynn

图 11

国家点火设施的激光束通过一个射线柱抵达冷冻氢球（Fasci laser, alla National Ignition Foundation, indirizzano attraverso un cilindro dei raggi contro una pallina di idrogeno congelato）

网址：Google Images for the National Ignition Foundation

作者：Lawrence Livermore National Laboratory (National Ignition Foundation)

图 12

普林斯顿国家球形环面实验（NSTX）（Il National Spherical

Torus Experiment (nstx) a Princeton)

网址：Google Images for Schematic of the nstx

作者：National Spherical Torus Experiment (nstx) al Princeton Plasma Physics Laboratory (pppl) del dipartimento dell'Energia degli Stati Uniti

图 13

阴影处为海平面上升 70 米后新西兰剩余面积 (Le parti scure mostrano che cosa resterebbe della Nuova Zelanda dopo un aumento di 70 metri del livello del mare)

网址：http://ngm.nationalgeographic.com/2013/09/rising-seas/if-ice-melted-map

作者：Jason Tret/National Geographic Creative，National Geographic

图 14

阴影处为海平面上升 70 米后英国剩余面积 (Le parti scure mostrano che cosa resterebbe della Gran Bretagna dopo un aumento di 70 metri del livello del mare)

网址：http://ngm.nationalgeographic.com/2013/09/rising-seas/if-ice-melted-map

作者：Jason Tret/National Geographic Creative，National Geographic

图 15

气候重建图

图 16

气候重建图 2

表 1

年度大气 CO_2 排放量与碳排放增加量对比及成因（Comparazione dell'aumento annuale del biossido di carbonio e del carbonio liberati nell'atmosfera attraverso la combustione di combustibili fossili e della deforestazione）

网址：Carbon Center: box a destra:《What is the carbon cycle?》

作者：Soil Conservation Center, Kansas State University

表 2

从 2010—2110 年间大气 CO_2 浓度预测（Proiezioni del CO_2 atmosferico dal 2010 al 2110）

作者：James R. Flynn